Galilei, Röntgen & Co.
Wie die Wissenschaft die Welt neu entdeckte

Jürgen Teichmann, geboren 1941, hat mehr als 30 Jahre lang den Bereich Bildung im Deutschen Museum in München – insbesondere zum Thema Physik und Astronomie – betreut. Auch die große Ausstellung Astronomie/Astrophysik ist unter seiner Federführung entstanden. Jetzt widmet er sich vor allem historischen und fachphysikalischen Sachbüchern; außerdem ist er Professor an der Ludwig-Maximilians-Universität in München. Sein Sachbuch „Das unendliche Reich der Sterne" (Arena Verlag) stand auf der Auswahlliste des Deutschen Jugendliteraturpreises. „Mit Einstein im Fahrstuhl – Physik genial erklärt" wurde von der Deutschen Akademie für Kinder- und Jugendliteratur im Dezember 2008 zum Buch des Monats gewählt.

Sebastian Coenen studierte an der Fachhochschule Münster Illustration. Er arbeitet freiberuflich für verschiedene Buch- und Spieleverlage und hat damit sein Hobby zum Beruf gemacht. Siehe auch: www.sebastiancoenen.de.

Jürgen Teichmann

Galilei, Röntgen & Co.
Wie die Wissenschaft die Welt neu entdeckte

Arena

Inhalt

1. Galilei und der freie Fall | 5
Alles, was fällt, beschleunigt wie ein Rennwagen

2. Das Fernrohr revolutioniert die Astronomie | 32
Galilei entdeckt Mondgebirge, Jupitermonde, die Milchstraße als Sternensammlung und vieles mehr

3. Antoine Nollet spielt mit der neuen Elektrizität | 54
Von Blitzableitern, Kondensatoren und elektrischen Schlägen

4. Joseph Fraunhofer experimentiert mit Sternen | 77
Glasprismen, Fernrohre und schwarze Linien

5. Wilhelm Conrad Röntgen und seine X-Strahlen | 102
Die Wissenschaft kann alles durchleuchten

6. Otto Hahn, Lise Meitner und Fritz Straßmann spalten Uranatome | 122
Energie aus einem Billionstel Millimeter

Museums- und Ausstellungstipps | 142

Glossar | 144

Zeittafel | 152

1. Galilei und der freie Fall

Alles, was fällt, beschleunigt wie ein Rennwagen

Ein strahlend blauer Himmel wölbte sich über Pisa in Italien. Es war der 7. Juni des Jahres 1590. Es gab noch keine Fernsehapparate, keine Autos oder Eisenbahnen, keine Campingplätze. Um von Deutschland nach Pisa zu kommen, brauchte man mit Pferd und Kutsche mehr als 14 Tage! Heute dauert das nur acht bis zehn Stunden.

Aber Pisa war schon damals eine Reise wert, etwa wegen des Schiefen Turms. Vor 800 Jahren hatte man mit seinem Bau begonnen. Dann hatte der Erdboden auf einer Seite nachgegeben, der Turm neigte sich und so musste man die letzten Stockwerke schon schief aufmauern. Der Turm neigte sich nochmals leicht, aber dann blieb er stehen – bis heute.

An diesem schönen Frühsommertag im Jahr 1590 spazierte der junge Universitätsprofessor Galileo Galilei* nachdenklich um den Turm. Der Vorname verrät uns, dass er der erstgeborene Sohn seines Vaters war. Wie damals in Oberitalien üblich, hatte der stolze Vater seinem ersten Sohn den Nachnamen auch zum Vornamen gegeben: Galileo aus dem Geschlecht der Galilei.

Auf dem Platz warfen Jungen Steine und Holzstücke möglichst hoch an eine bröckelnde Wand des großen Domes. Klack, stießen sie dagegen und fielen dann herunter, manch-

---

* *Im hinteren Teil des Buches gibt es ein Glossar. Dort sind die Begriffe mit * erklärt.*

mal schneller, manchmal langsamer. Man müsste, so dachte Galilei dabei, einmal vom Schiefen Turm einen Stein und ein Holzstück herunterfallen lassen, und zwar gleichzeitig. Was würde schneller sein? Oder noch besser: ein Stück Blei und ein Holzstück. Blei war noch viel schwerer als Stein. Es wäre garantiert eher unten als das leichte Holzstück. So hatte es Aristoteles*, der große griechische Philosoph und verehrte Lehrer aller Wissenschaftler, vor vielen Hundert Jahren behauptet. Man konnte es in seinen Schriften und bei allen gelehrten Männern nach ihm lesen ...

Galilei ließ dieser Gedanke nicht los, und als ihn am Nachmittag sein Freund Jacopo Mazzone, ein Philosoph, besuchte, fragte er: „Was, glaubst du, fällt schneller, Blei oder Holz?"
„Nach Aristoteles ist es Blei", antwortete Jacopo, ohne zu überlegen.

„Und warum soll Blei schneller am Boden sein?"
„Alles, was zur Erde gehört, Steine, Metalle, Holz, fällt zur Erde, weil es schwer ist wie die Erde und folglich dort beheimatet ist. Und je schwerer etwas ist, desto schneller möchte es wieder zurück zu seiner Heimat Erde."
„Aber wenn Aristoteles unrecht hat?"
„Aristoteles ist der größte Philosoph der Welt!"
Galilei antwortete sofort: „Pass auf! Aristoteles sagte, je schwerer etwas ist, desto schneller fällt es zurück zur Erde! Sieh hier das große Bleistück auf meinem Tisch und daneben das kleine. Das große ist etwa zehnmal schwerer. Welches wird wohl eher am Boden sein, das große oder das kleine?"
„Natürlich das große", meinte Jacopo Mazzone.
„Nun aber, wenn ich beide zusammenbinde, was dann?"
„Nach Aristoteles muss Groß-Klein noch schneller fallen als das große allein, weil es ja ein Stückchen schwerer geworden ist ..."
Galilei schüttelte bedächtig den Kopf: „Aber das kleine war doch alleine sehr viel langsamer. Es will nicht so schnell zur Erde zurück wie das große!"
Jacopo grübelte: „Hm, dann hemmt das angebundene kleine Bleistück das große. Also müssten beide doch langsamer fallen als das große allein!?"
Galilei fuhr fort: „Aber das geht nun überhaupt nicht. Eigentlich müsste das groß-kleine Stück nach Aristoteles schneller fallen, weil es schwerer ist als das große allein, andererseits

müsste es langsamer fallen, weil es durch das kleine zurückgehalten wird. Dann bleibt nur noch ..."

„Du hast recht", fiel ihm Mazzone ins Wort, „wir brauchen keinen einzigen Versuch durchzuführen und haben schon nachgewiesen, dass Aristoteles unrecht hat. Das „Großkleine-Stück" kann eben nicht schneller fallen als das große allein, aber auch nicht langsamer, denn es ist ja wirklich schwerer. Es kann also nur *gleich* schnell fallen."

Und er fuhr nachdenklich fort: „Alle Bleistücke fallen gleich schnell, ganz unabhängig davon, wie groß sie sind. Alle Holzstücke fallen gleich schnell ..."

Galilei nickte. „Alles aus gleichem Material fällt gleich schnell, alle Eisenstücke, alle Kupferstücke und so fort. So ähnlich habe ich mir das gedacht. Schade, dass das schon andere vor mir überlegt haben. Aber wie ist das nun mit Blei und Holz im Vergleich? Ich habe mir schon den Kopf zermartert, komme aber nicht weiter. Vielleicht fällt Blei wirklich schneller als Holz. Ein Bleistück ist jedenfalls viel schwerer als ein gleich großes Holzstück. Das *spezifische* Gewicht (s. a. S. 12) von Blei, so sagt man, ist viel größer. Vielleicht hängt die Fallgeschwindigkeit von diesem spezifischen Gewicht ab? Was hältst du von einem Experiment vom Schiefen Turm? Er ist hoch genug."

Mazzone blieb als Anhänger der griechischen Philosophie ablehnend. Was sollte man mit Experimenten schon beweisen? Damit wurde doch die Natur gezwungen und verändert.

Experiment 1 zum freien Fall
Probiere doch erst einmal selbst aus, ob wirklich alles Eisen oder alles Holz gleich schnell fällt. Nimm einmal zwei Nägel, in jede Hand einen, einen ganz großen (oder sogar eine schwere Zange) und einen ganz kleinen. Auf Kommando „Los!" Mach beide Hände blitzschnell auf. Welcher Nagel kommt eher am Fußboden an? Keiner, beide sind gleichzeitig da! Auch das wirkliche Experiment gibt also Galilei recht – so einfach hat er es selbst wohl auch zur Kontrolle der Überlegungen benutzt. Aber sicherer war in diesem Fall doch das Gedankenexperiment, denn das gilt für jede Höhe und jedes Material.

Man sollte sie studieren, so wie sie natürlich vor den Augen ablief, so wie ein Stein oder ein Baumblatt zu Boden fielen. Nur dann käme man der Wahrheit näher, dachte er. Aber er bewunderte den Verstand und das Temperament seines jungen Freundes. Ein Blei- und ein Holzstück konnten in der Tat auch aus irgendeinem natürlichen Grund vom Himmel fallen. Der nächste Tag war genauso schön wie der vorige. Galilei und Mazzone trafen sich schon ganz früh am Schiefen Turm. Es gab noch kaum Leute auf dem Platz. Nur ein paar Hunde strichen hungrig um die Frühaufsteher.
Galilei nahm eine Anzahl Holzstücke und Bleistücke in die Hand und stieg auf den Turm. Mazzone blieb unten. Der frühe Morgen war für den Aufstieg gut gewählt. Es war noch angenehm frisch. Ab und zu verschnaufte Galilei kurz an einem der Rundgänge und wagte, zu Mazzone hinunterzublicken. Er

glaubte, in der Luft zu hängen, so schräg stand der Turm unter ihm. Doch Galilei gönnte sich nicht viel Zeit für Schwindelgefühle. Eilig stieg er weiter. Jetzt tauchte er auf der obersten Galerie auf und winkte.

Mazzone trat weit zurück. Er wollte kein Bleistück auf den Kopf bekommen. Er wartete, bis ein paar Leute vorbeigehastet waren, und klatschte dann in die Hände. Kurz darauf knallten Blei und Holz auf das Pflaster und – das Blei war wirklich ein bisschen eher unten als das Holz!

Also hatte Aristoteles recht? Das schöne Blei war übrigens platt gedrückt, doch kümmerte das Mazzone nicht. Er klatschte wieder, schon kam das nächste Paar angesaust. Wieder war das Blei ein bisschen voraus! Dann das nächste und noch ein Paar und noch einmal. Immer war das Blei schneller, wenn auch unterschiedlich und manchmal nur als ganz knapper Sieger wie bei einem spannenden Wettlauf.

Galilei und Mazzone entschieden beim Nachhausegehen: Blei fällt schneller als Holz, und sie schlossen daraus: Dann müsste Eisen langsamer als Blei fallen, aber schneller als Holz.

Berühmt, weil er zweifelte

Ja, so war es. Und hoffentlich glaubt nun keiner, das habe Galilei berühmt gemacht! Das war ja weiter nichts Neues. Das hatte Aristoteles schon vor Jahrhunderten behauptet. Galilei wurde berühmt, weil er zweifelte! An so einem handgreiflichen Ergebnis doch wieder zweifelte. Natürlich, Blei war nur ganz wenig schneller als Holz. Schon das sprach gegen Aristoteles. Blei ist etwa neunzehnmal schwerer und hätte also neunzehnmal eher unten sein müssen.

Experiment 2 zum freien Fall
Mach noch einmal einen Versuch: Nimm eine schwere Zange (oder eine Schere) und ein leichtes Stück Holz, z. B. ein Aststückchen, lass beide gleichzeitig fallen und ...? Sie treffen gleichzeitig unten auf. Also nicht wie beim Schiefen Turm! Eigentlich müsste doch die Zange zuerst unten sein! Aber der Schiefe Turm ist ja auch viel höher. Da würde das Aststück garantiert später ankommen.

Galileo Galilei (1564–1642)

Galilei wusste, dass der Luftwiderstand* eine Rolle spielte. In Wasser etwa fiel Blei viel langsamer herunter und Holz schwamm.

Spezifisches Gewicht
Hier eine Übersicht der spezifischen Gewichte (wir verwenden heute häufiger den Begriff Dichte*, berechnet aus Masse geteilt durch Volumen):
Dichte (in Gramm pro Kubikzentimeter)
von Blei   11,3   von Eisen   7,9
von Wasser 1,0   von Holz ca. 0,6

Vielleicht musste man also das spezifische Gewicht von Luft oder Wasser mit berücksichtigen? Galilei brauchte allerdings noch mehrere Jahre für diese Überlegungen. Er war schon Professor in Padua, seit 1592, als ihm die Zusammenhänge langsam klar wurden.

Blei, Marmor, Holz und Flaumfedern: Alles fällt gleich schnell

In Padua war Galilei bald sehr bekannt. Seine Vorlesungen waren eindrucksvoll und er galt auch als Erfinder. So hatte er eine Art Vorläufer des Rechenschiebers erfunden. Immer mehr Schüler, Freunde oder auch nur Neugierige störten seine Ruhe. Alle staunten über sein Wissen, seinen scharfen Verstand und seine Experimente.

Padua gehörte damals zur Republik Venedig und lag nicht weit weg von dieser wunderschönen Stadt am Meer. Venedig war eine mächtige Seemacht, selbstbewusst gegenüber der Kirche, interessiert an allem Neuen – vor allem natürlich an neuer Technik, die Geld oder Macht einbrachte; aber auch an Wissenschaft: Half sie doch bei so wichtigen Dingen wie dem Festungsbau, dem Wasserbau und dem Geschützwesen. Das beginnende 17. Jahrhundert war eine Zeit der Umwälzungen: Deutschland brachte es den fürchterlichen Dreißigjährigen Krieg und der Welt eine Revolution in den Wissenschaften.

Galilei saß mit seinem Freund Filippo Salviati, einem geistreichen Edelmann aus Florenz, beim Essen. Salviati besuchte ihn häufig. Als diesem ein Messer herunterfiel, fragte Galilei lächelnd: „Was fällt schneller, Metall oder Holz?"

„Metall", sagte Salviati rasch, „das ist seit Pisa ein für alle Mal erwiesen."

„Meinst du?", antwortete Galilei. „Ich werde dir nach dem Abendessen ein paar Experimente zeigen."

Salviati verlor vor Neugierde den Appetit, während Galilei ruhig zu Ende aß, noch einen kräftigen Schluck Wein nahm und endlich, endlich aufstand. Er führte Salviati vor ein Glasgefäß mit Wasser und begann:

„Erinnerst du dich daran, dass in Pisa Blei immer nur ein wenig eher am Boden aufschlug als das Holz, obwohl es doch viele Male schwerer ist?"

„Du hast es erzählt", antwortete Salviati.

„Nun also lassen wir beides ins Wasser fallen. Was passiert?", fragte Galilei.

„Blei sinkt langsamer als in Luft zu Boden, das Holz aber sinkt überhaupt nicht, es schwimmt."

„Gut, nehmen wir zwei gleich große Gegenstände, die beide im Wasser sinken, ein Marmorei und ein Hühnerei. Was siehst du jetzt?"

„Das Marmorei sinkt viel schneller."

„Etwa zehnmal schneller, ich habe es gemessen. Nun gehe ich auf das Hausdach. Geh du auf die Straße und beobachte. Was, meinst du, wird geschehen, wenn ich beide Eier vom Dach fallen lasse?"

„Wohl etwas Ähnliches wie bei Blei und Holz", sagte Salviati. Galilei führte das Experiment vor und opferte dabei Marmorei und Hühnerei der Wissenschaft: Eines zersprang, das andere zerplatzte – aber Salviati sah, was beide Männer schon wussten:

Das Marmorei kam nur ganz kurz vor dem Hühnerei an.
„Und nun", rief Galilei triumphierend, „ist alles klar. Entscheidend ist nur der Widerstand von Wasser oder Luft. Der Wasserwiderstand ist sehr groß, deshalb wird das leichte Hühnerei stärker gebremst als das schwere Marmorei. Der Luftwiderstand ist gering, deshalb bleibt wenig Unterschied. Und jetzt kommt das Entscheidende: Wenn wir also gar keinen Widerstand hätten, auch keine Luft mehr, dann ..."
„... dann", schloss Salviati begeistert, „dann müssten alle, aber auch wirklich alle Gegenstände gleich schnell fallen: ein Marmorblock aus Carrara so schnell wie eine Hühnerfeder."
„Das ist meine feste Überzeugung", sagte Galilei.

Warum fällt alles gleich schnell zur Erde?

Experiment zum Luftwiderstand
Das war es also: Alles fällt gleich schnell, nur der Luftwiderstand verzögert manchmal den Fall. Ein Fallschirmspringer möchte langsam zur Erde kommen, sein Fallschirm bremst ihn ab. Ohne Luft wäre der Fallschirm unnütz. Ob er aufginge oder nicht, ohne Luft würde der Springer immer gleich schnell, das heißt wie ein Felsblock, auf die Erde stürzen.
Das kannst Du selbst im Experiment prüfen: Ein flaches Stück Papier fällt langsamer zur Erde als ein Stück Holz. Knüllt man das Papier aber ganz klein zusammen, so verringert sich damit sein Luftwiderstand. Es wird gleich schnell wie das Stück Holz am Boden sein.

Und warum fällt nun alles gleich schnell zur Erde?[1] Warum möchte eine Flaumfeder genauso schnell zur Erde zurück wie ein Marmorblock?
Das wusste Galilei noch nicht. Aber auch ein berühmter Mann muss ja nicht alles wissen.
Nun, die Anziehungskraft der Erde zieht Flaumfeder, Marmorblock und Kugel nach unten. Diese Kraft ist tatsächlich beim Marmorblock viel größer als bei der Kugel und bei der Kugel immer noch größer als bei der Flaumfeder. Doch der Marmorblock wehrt sich stärker gegen diese Kraft. Er ist „träger" als die Kugel und als die Flaumfeder – so sagt man heute. Und

---

1 *FORSCHE SELBST! Auf Seite 30.*

zwar um das gleiche Maß träger, als die Anziehungskraft der Erde stärker ist.

Also gilt unter dem Strich: Flaumfeder, Marmorblock und Kugel fallen doch gleich schnell. Bei der Flaumfeder macht nur die Luft einen Strich durch die Rechnung. Wir müssen sie wegpumpen. Erst dann stimmt alles.

Je einfacher, desto wahrer?

Galilei ritt häufig von Padua nach Venedig. Am liebsten besuchte er das Arsenal. Das war so etwas wie ein zentrales technisches Lager, ein Maschinenpark. Da gab es Waffen und Werkzeuge zu ihrer Herstellung, Schiffsbaugerät und Schiffe, Kräne, Flaschenzüge, Rammen und vieles mehr. Galilei war sehr interessiert an der Technik, nicht nur weil man mit neuen Erfindungen auch Geld verdienen konnte, sondern weil er alles erklären wollte. Warum funktioniert etwas so und nicht ganz anders?

In einem Gebiet des Arsenals blieb er eines Tages vor einer Ramme stehen. Eine Ramme war ein schwerer Block, der von einigen Menschen hochgezogen wurde und dann mit Wucht

Ein schwerer Rammklotz wird hochgezogen.
Er soll einen Pfahl in die Erde rammen.

auf einen Pfahl fiel. Der wurde ein Stück weiter in den Erdboden eingerammt. Solche Maschinen waren für Venedig sehr wichtig, denn es war auf unzähligen Pfählen erbaut, die in den schlammigen Grund der Lagune gerammt wurden.

„He", rief Galilei, „lasst den Block doch mal von der halben Höhe fallen."

„Wenn Sie es wünschen, Herr", riefen die Arbeiter und zogen den Block nur halb hoch. Beim Aufprall trieb er den Pfahl nur halb so tief in die Erde hinein wie beim vorigen Mal. Galilei hatte das schon oft gesehen und auch genau gemessen. Eines war ihm sonnenklar: Je weiter der Block herunterfiel, desto höhere Geschwindigkeit hatte er beim Aufprall auf den Pfahl, und das trieb diesen weiter in den Boden hinein.

Je weiter etwas hinunterfiel, desto schneller war es also beim Aufprall. Gut, auch ein Gegenstand, der vom Schiefen Turm von Pisa fiel, wurde also immer schneller und schneller. Aber wie schnell war er dann nach zehn Ellen Fall oder nach 100 Ellen (das sind etwa 5 m bzw. 50 m)?

Wie konnte man überhaupt eine Geschwindigkeit messen, wenn sie jeden Augenblick höher wurde? Bei der Ramme gab es sozusagen eine Momentaufnahme der Geschwindigkeit. In dem Augenblick, in dem der Block auf den Pfahl stieß, wurde die Geschwindigkeit in einen Stoß verwandelt. Das Stück, das der Pfahl in den Boden getrieben wurde, entsprach der letzten Geschwindigkeit kurz vor dem Aufprall.

Aus doppelter Höhe wirkte die Ramme also doppelt so stark.

War also die Aufprallgeschwindigkeit des Blockes doppelt so hoch geworden? Würde sie aus dreifacher Höhe dreimal so hoch sein? Das vermutete Galilei schon lange; denn es war wunderbar einfach, und je einfacher, desto wahrer musste es sein. Daran zweifelte Galilei nicht. Alles in der Natur war von Gott so einfach wie möglich eingerichtet.

Doch heute ritt er so geistesabwesend nach Padua zurück, dass jeder, der ihn kannte, wusste: Galilei verfolgt eine Spur. Und das merkte auch Salviati, den Galilei vor der Haustür traf. Er schickte alle adligen Schüler, denen er dreimal in der Woche Privatunterricht gab, mit ein paar unwillig höflichen Bemerkungen weg.

Salviati wagte sich kaum zu räuspern, als sein berühmter Freund lustlos im Abendessen herumstocherte. Plötzlich stand Galilei auf. „Salviati, willst du erfahren, wie viel Falsches man jahrelang glauben kann und wie man durch reine Überlegung hinter eigene Fehler kommt und neue Lösungen findet?"

„Aber ja", rief Salviati erleichtert.

„Dann sei morgen in meiner Vorlesung. Alle Studenten sollen erfahren, wie wenig man auf Klugheit geben darf."

Galilei hatte meist viele Zuhörer. Er konnte gut reden und erklärte die interessantesten Dinge für jeden verständlich. Als er in den Hörsaal trat, verstummte sofort aller Lärm.

„Meine Herren", begann Galilei, „wir wissen, dass alles, was zur Erde fällt, während des Falls immer schneller wird.

Ich habe Ihnen schon oft gesagt, dass ich glaube, die Geschwindigkeit wird nach doppelter Fallhöhe doppelt so hoch und so weiter. Doch seit einiger Zeit weiß ich, dass das falsch ist. Kann mir einer von Ihnen folgen? Es ist nicht schwer einzusehen."

Keiner antwortete.

Galilei fuhr fort: „Wenn ein Rammklotz in einer Sekunde zehn Ellen tief fällt, müsste er nach meiner Vorstellung für 20 Ellen wie viel Zeit brauchen?"

Im Hörsaal blieb es immer noch still.

Salviati sagte schließlich zögernd: „Auch eine Sekunde!"

„Und für 30 Ellen?"

Schon ein paar mehr antworteten: „Auch eine Sekunde."

„Warum?"

Galilei gab gleich selbst die Antwort: „Weil die Geschwindigkeit zweimal und dreimal so hoch werden würde. Das ist also Unsinn. Der Rammblock kann doch nicht für jede Entfernung immer dieselbe Zeit von einer Sekunde brauchen. Das Gleiche würde ja auch für eine Elle, zwei Ellen, drei Ellen gelten. Er müsste also sogar augenblicklich, unendlich schnell herunterfallen. Durch Nachdenken habe ich jetzt eine andere, befriedigende Lösung gefunden. Die Geschwindigkeit wächst nicht genauso wie die Fallhöhe, sondern weniger. Nach vierfacher Fallhöhe haben wir nur die doppelte Geschwindigkeit, nach neunfacher Höhe die dreifache Geschwindigkeit, nach 16-facher Höhe die vierfache Geschwindigkeit ..."

Zum Mitdenken: Wie lange dauert der freie Fall?

Ja, jetzt rechne einmal selbst, was Galilei sich da überlegt hatte: Wenn ein Rammklotz in einer Sekunde zehn Ellen fällt, in welcher Zeit fällt er 40 Ellen? Und in welcher 90 Ellen? Natürlich in zwei bzw. drei Sekunden. Nach zwei Sekunden haben wir doppelte Geschwindigkeit, nach drei Sekunden dreifache Geschwindigkeit usw.

Und wie hängt die Fallhöhe mit der Zeit zusammen? Sie wächst mit dem Produkt aus Zeit mal Zeit: Nach zwei Sekunden haben wir 2·2, d. h. die vierfache Fallhöhe wie nach einer Sekunde. Nach drei Sekunden haben wir 3·3, also die neunfache Fallhöhe, nach vier Sekunden 4·4 die 16-fache Fallhöhe und so fort.

So ähnlich erklärte das auch Galilei seinen staunenden Zuhörern. Damit hatte er sein berühmtes Fallgesetz entdeckt! Bei einer Ramme stimmte sein Gesetz aber nicht. Wenn Galilei vierfache oder neunfache Höhe nahm, wurde der Pfahl auch viermal oder neunmal tiefer in den Boden gestoßen und nicht zwei- oder dreimal. Die Stoßwirkung wuchs also genauso wie die Fallhöhe! Warum?

Wir wissen nicht, ob Galilei den richtigen Schluss verkündete: Die Eindringtiefe des Pfahls verhält sich wie das Produkt aus Geschwindigkeit mal Geschwindigkeit des Rammklotzes. Wir nennen das heute Bewegungsenergie. Deshalb wird der Pfahl 2·2-mal, bzw. 3·3-mal tiefer in den Boden gestoßen.

2 *FORSCHE SELBST! Auf Seite 31.*

Die Kugel auf der schiefen Bahn

„Ich habe ein Experiment ersonnen, das mir meine Überlegungen bestätigt", erklärte Galilei seinem staunenden Publikum im Hörsaal. Er zeigte auf ein Holzgestell, etwa einen Meter hoch, das auf einem Tisch stand und von dessen höchstem Punkt eine Art hölzerne Rollbahn herabführte und unten in einem waagerecht gekrümmten Ende auslief. Wir würden heute sagen: eine Sprungschanze.

„Mit diesem Experiment kann ich den freien Fall verlangsamen und dadurch besser beobachten. Ich lasse jetzt Kugeln herabrollen. Sie springen vom Ende der Bahn waagerecht weg und fallen in einer Kurve auf den Fußboden. Beim Aufprall hinterlassen sie auf einem rußgeschwärzten Papier einen Abdruck. Zunächst wähle ich die Höhe 100 Punti." (Das sind knapp 100 mm.)

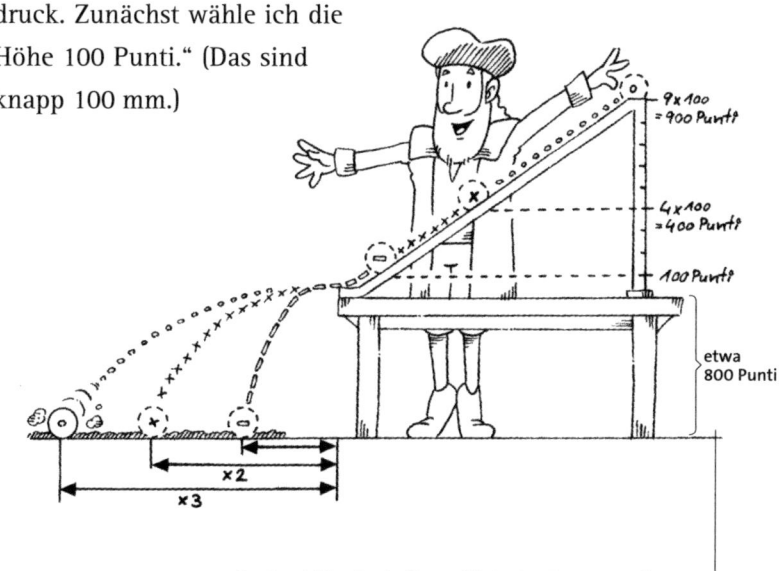

So funktioniert die galileische Sprungschanze (100 Punti entsprechen knapp 100 mm).

Er führte den Versuch vor.³ Gespannt starrten die Zuhörer auf die kleine Kugel, die auf der Rollbahn immer schneller wurde und in einem eleganten Bogen von der Sprungschanze auf den Boden fiel.

Galilei stellte ein Holzstück an den Aufprallpunkt, damit auch die entferntesten Zuschauer die Stelle genau erkennen konnten. Dann nahm er dieselbe Kugel und hob sie höher auf die Bahn. „Jetzt wählen wir die vierfache Höhe, also 400 Punti."

Wieder rollte die Kugel unter gespanntem Schweigen hinab, sprang ab und – fiel doppelt so weit wie die erste auf den Boden. Ein Raunen ging durch den Raum. Galilei schnitt es ab, indem er einen dritten Versuch startete, diesmal von der neunfachen Höhe.

Salviati war es längst klar: Die Kugel sprang dreimal so weit wie beim ersten Mal.

Galilei erklärte: „Mit der Sprungweite der Kugel messe ich ihre Geschwindigkeit, die sie beim Absprung bekam. (Diese Geschwindigkeit behält die Kugel in der Luft so ungefähr bei.) Die Absprunggeschwindigkeit steht in der Tat nicht in direktem Verhältnis zu der Höhe, sondern in einem schwächeren. Erst bei vierfacher, neunfacher Höhe ergibt sich die doppelte, dreifache Geschwindigkeit. Das Experiment bestätigt also meine Lösung, die ich durch bloßes Nachdenken gefunden hatte. Gibt es noch Fragen?"

Unter den Zuhörern war es nur Salviati, der sich meldete: „Bei Euren Versuchen fällt doch die Kugel gar nicht frei zur Erde

---

| 3 FORSCHE SELBST! Auf Seite 30.

herunter, sondern sie rollt schräg eine Bahn herab. Gilt denn dasselbe Gesetz für den freien Fall, zum Beispiel von einem Turm?"

„Es gilt", sagte Galilei, „denn ich kann meine Rollbahn immer steiler und steiler machen, der Zusammenhang bleibt derselbe. Das habe ich ausprobiert."

Salviati war noch nicht zufrieden. „Welche Geschwindigkeit, die die Kugel in der Luft beibehält, meint Ihr denn? Die Kugel fällt doch immer schneller zur Erde hin!"

„Eine gute Frage", sagte Galilei. „Schneller wird die Kugel zum Erdboden hin, aber nicht in Richtung ihrer Sprungweite." Er zeichnete zur Erklärung sorgfältig ein weiteres Diagramm.

„Geradeaus fliegt sie mit etwa gleichbleibender Geschwindigkeit – wenn wir das Abbremsen durch die Luft vernachlässigen. Senkrecht herunter fällt sie dagegen immer schneller werdend, bis sie den Boden berührt. Diese zwei Bewegungen sind unabhängig voneinander, sie stören sich nicht, weil sie genau senkrecht zueinander erfolgen.

Jetzt versteht Ihr auch, warum ich den Absprung der Rollbahn genau horizontal gelegt habe, das ist sehr wichtig bei diesem Experiment. Beide Bewegungen zusammen, der waagerechte Flug und das senkrechte Hinunterfallen, ergeben die schöne Kurve, die Ihr gesehen habt. Man nennt sie eine Parabel."

„Aber Aristoteles hat auch festgestellt, dass kein Gegenstand zwei Bewegungen gleichzeitig machen kann", kam da ein

Einwand aus dem Publikum. „Niemand kann gleichzeitig zwei Herren dienen."

„So klar ist das gar nicht", antwortete Galilei sofort. „Man kann sehr wohl zwei Herren dienen. So dienen wir alle Gott und gleichzeitig unserem Fürsten. Beim freien Fall ist es ähnlich. Hier haben wir eine natürliche Bewegung, das heißt den Fall zur Heimat alles Schweren, der Erde. Und eine künstliche Bewegung, den waagerechten Flug. Nur *zwei künstliche* Bewegungen gleichzeitig erlaubt Aristoteles nicht.

Ich für meinen Teil sehe übrigens im Experiment, dass sich beliebige Bewegungen zusammensetzen lassen, und meinen Augen traue ich mehr als Aristoteles und allen Philosophen. Und Sie, meine Herren, sollten weder Aristoteles trauen noch mir, sondern Ihren eigenen Überlegungen und Erfahrungen."

Galilei schloss seine Vorlesung: „Das habe ich alles durch reines Überlegen gefunden, doch die Experimente bestätigen meine Gedanken."

Begeisterter Applaus verabschiedete den Meister.

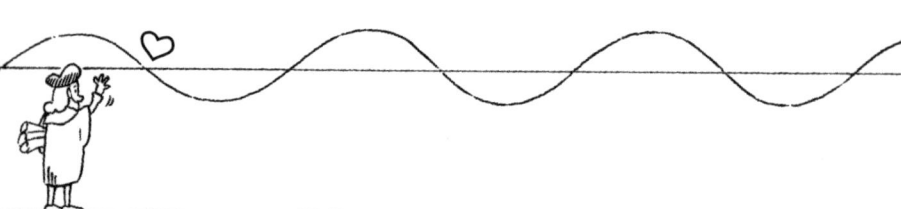

Gedankenexperiment: Bewegung in Bewegung
Na, und wie sieht es mit Deinen Erfahrungen aus? Stell Dir vor, Du stehst vor einem Zug, der gerade anfährt. Wie bewegt sich ein winkender Arm aus einem Fenster vor Deinen Augen? Auf und ab? Nur halb richtig! Denn der Zug mit dem Arm fährt ja gerade an Dir vorbei. Aus den zwei Einzelbewegungen entsteht insgesamt eine Wellenbewegung.
Galilei stellte übrigens die gleiche Frage – natürlich wählte er eine Kutsche und keinen Zug.

Erkenntnis durch die schiefe Bahn

Wir wissen heute natürlich nicht genau, ob sich das alles so abgespielt hat. Insbesondere: War das Experiment eher da oder das theoretische Knobeln oder wenigstens ein Vermuten um den Ausgang von Experimenten? Aber so ähnlich ist es auch heute: Wenn etwas wirklich Neues entdeckt oder erfunden wird, weiß man hinterher meist nicht mehr genau, wie alles gelaufen ist. Heute wie damals gilt aber, dass man nicht einfach drauflosexperimentiert, sondern immer schon genaue Vorstellungen davon hat, was man will.

Galilei hat übrigens diesen Versuch mit der Sprungschanze nie veröffentlicht – nur eine einfachere Variante, eine 6 m lange hölzerne, viel flachere Rollbahn, auf der seine Kugeln viel langsamer herunterliefen. Deshalb konnte er auch die Zeiten messen. So einige Sekunden brauchten die Kugeln für 6 m und entsprechend weniger Zeit für 3 m oder 1,5 m. Das mit der Sprungschanze war übrigens eine grandiose Idee. Der freie Fall ist sonst wirklich viel zu rasant: Er vollbringt eine Beschleunigung in weniger als drei Sekunden auf 100 km/h! Wie ein Super-Rennwagen sozusagen.

Aber ein Problem gibt es, das Galilei und seine Schüler nicht anschnitten. Eine rollende Kugel ist nicht dasselbe wie eine fallende. Für ihre Drehung braucht sie Energie und diese Energie nimmt sie sich vom Fallen. Wenn wir die Rollbahn nach und nach immer steiler machen, fängt die Kugel irgendwann an zu rutschen. Dann wird sie plötzlich wesentlich schneller, weil sie keine Drehenergie mehr braucht. Das erst entspricht dem freien Fall! Gott sei Dank bleibt der Zusammenhang von doppelter, dreifacher usw. Geschwindigkeit in doppelter, dreifacher usw. Zeit derselbe.

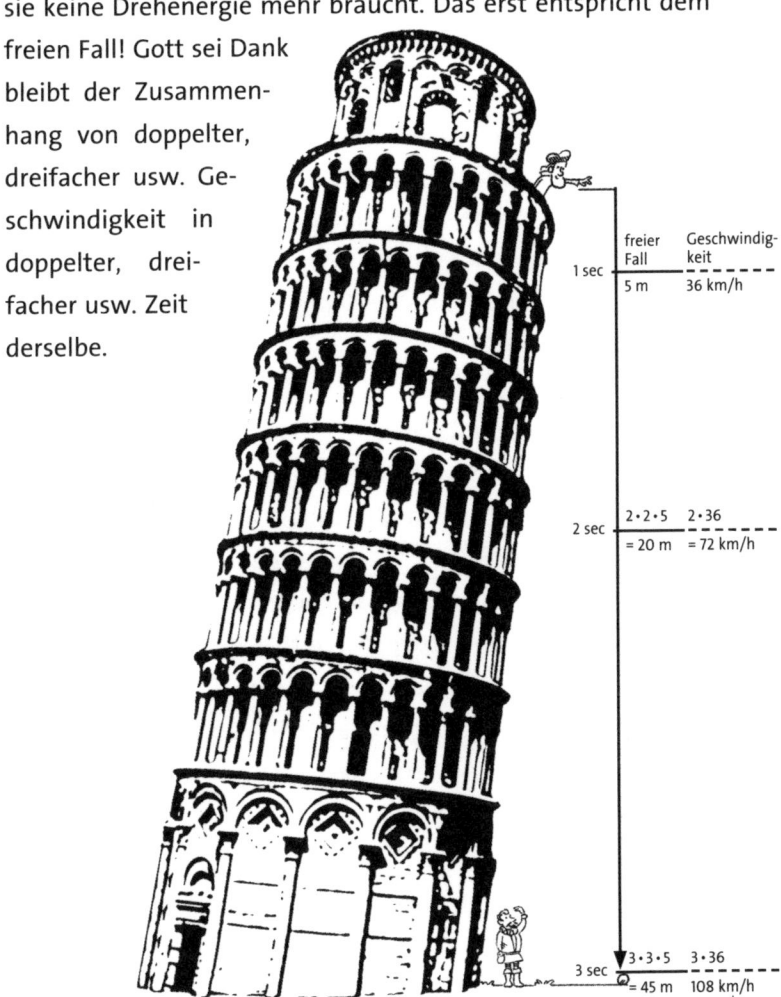

Der freie Fall vom Schiefen Turm: In der ersten Sekunde 1·5 m, in der zweiten Sekunde 2·2·5 m, in der dritten Sekunde 3·3·5 m.

FORSCHE SELBST!

Wissenschaftsgeschichte im Museum
Fahr mal ins *Deutsche Museum* nach München! Da gibt es nicht nur den Raum, in dem Galilei gearbeitet hat (natürlich nachgebaut), mit Kugelrollbahn, Waage und allem Drum und Dran. Man kann auch Galileis Experimente nachmachen! Sogar die, die er selbst nur im Kopf hatte: Wenn man die Luft aus einer Röhre pumpt, dann fällt eine Flaumfeder so schnell wie ein Stein.

Rollbahn zum Selbermachen
Hast Du eine Luftmatratze mit Rillen und eine Glas- oder eine Metallkugel? Dann kannst Du Galileis Rollbahn nachbauen. Pump die Matratze straff auf, leg unter das eine Ende eine Pappschachtel und lass die Kugel in einer Matratzenrille 160 cm hinunterrollen. Stopp die Zeit! Nehmen wir an, es waren vier Sekunden. Lass die Kugel dann nur 40 cm rollen! Stopp wieder. Was muss herauskommen? Die Hälfte der ersten Zeit, bei unserem Beispiel also zwei Sekunden.

Das Fallgesetz

Das richtige Fallgesetz schreibt man:
Geschwindigkeit • Geschwindigkeit =
2 • Erdbeschleunigung* • Höhe
oder
Geschwindigkeit = Erdbeschleunigung • Zeit
oder
Fallhöhe = ½ • Erdbeschleunigung • Zeit • Zeit

*(Das ungefähre Maß für die Erdbeschleunigung ist 10, wenn man die Höhe in Metern und die Zeit in Sekunden misst.)

Mit diesen Formeln kannst Du die Tiefe eines Brunnens berechnen. Wirf einen Stein hinein und hör genau hin, nach wie viel Sekunden er aufschlägt. Sagen wir, nach drei Sekunden. Dann folgt aus der letzten Formel die Fallhöhe =
½ • 10 • 3 • 3 = 45 m!

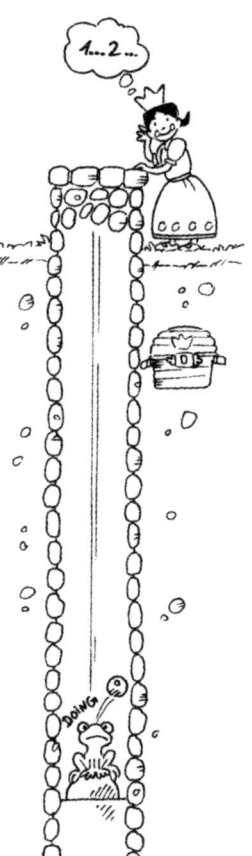

2. Das Fernrohr revolutioniert die Astronomie

Galilei entdeckt Mondgebirge, Jupitermonde, die Milchstraße als Sternensammlung und vieles mehr

Wie viele Sterne kann man eigentlich mit bloßem Auge am Himmel sehen? 5.000 bis 6.000 heißt es. Vorausgesetzt natürlich, es gibt keinen Vollmond, kein elektrisches Licht, aber sonst eine klare Nacht. Außerdem muss man gute Augen haben. Und Leute mit schlechten Augen? Die sehen natürlich weniger Sterne. Und in den Nächten unserer hellen Großstädte sehen selbst Scharfäugige nur noch ganz wenige Sterne! Heute muss man schon aufs freie Land gehen, um einen so prächtigen Himmelseindruck zu bekommen, wie ihn Galilei in Italien fast jeden Abend hatte.

Es gibt seit Jahrtausenden einen Sehtest für normale Augen: Such einmal den Großen Wagen am Himmel. Er ist überall, selbst in der Großstadt, leicht zu finden: eine Deichsel aus drei Sternen hintereinander, dazu vier Sterne

Der Große Wagen mit dem „Reiterchen".
Die Rückwand, viermal verlängert, führt zum Polarstern

als rechteckiger Wagenkasten. Der zweite Deichselstern hat dicht neben sich als „Reiterchen" einen kleinen Begleitstern sitzen. Er heißt Alkor. Wer ihn sieht, leidet nicht an Kurzsichtigkeit.

Und wenn man noch schärfere Augen hätte als der scharfsichtigste Adler oder Habicht aller Zeiten? Würde man dann noch mehr Sterne sehen? Ich glaube, niemand hat diese Frage vor Galileis Zeiten gestellt. Der Mensch war nun mal nicht mit besseren Augen ausgerüstet. Gott hatte ihn als „Krone der Schöpfung" so geschaffen und die Welt war für ihn da. Es konnte also keine anderen Sterne geben. Für wen hätten die unsichtbaren Sterne seit der Erschaffung der Welt geleuchtet? Nur für Adler und Habichte, die überhaupt nichts davon verstanden?

Und dann bekam der Mensch eines Tages bessere Augen als je zuvor und konnte viel mehr Sterne sehen. Im Jahr 1608 wurde das Fernrohr erfunden. Galilei kombinierte in Padua gerade seine mathematischen Formeln zum freien Fall, da kam im Frühjahr die Kunde aus Holland, es sei ein Rohr mit zwei Gläsern erfunden worden, das alle Dinge viel größer mache.
Holland war damals ein Neuling als Seegroßmacht – im Gegensatz zu Venedig, das schon jahrhundertelang mächtig und berühmt war und sich vielleicht zu sehr auf seinem Ruhm ausruhte. Doch solch eine Erfindung war für eine Seemacht besonders wichtig, wie sich bald erwies.

Dass das neue Sehrohr kein Seemannsgarn war wie riesige Meerschlangen und Klabautermänner, das musste natürlich gezeigt werden. In Italien waren in den letzten 200 Jahren viele technische Großleistungen entstanden: automatische Spinnmaschinen, neue Geschütze, raffinierte Festungsbauten. Und eine ganz neue Malerei, welche die Natur mit den Gesetzen der Geometrie täuschend echt nachahmte: die perspektivische Malerei. Warum sollte nicht die seit über 300 Jahren bekannte Brille noch weiter verbessert worden sein, indem man einfach eine zweite Glaslinse davorsetzte? In der Tat war das schon vorgeschlagen worden. Und so ähnlich sah das Gerät auch aus, das man in Holland baute. Für Galilei jedenfalls war dies keine Zauberei: Er kannte die Wirkung von Glaslinsen genau.

Die Bewegung der Lichtstrahlen in Luft, in Wasser oder in Glas allein war seit der Zeit der Griechen mathematisch klar und für einen Fachmann wie Galilei kaum noch einer Überlegung wert. Schwieriger wurde es, wenn Lichtstrahlen ihr Revier wechselten: Zum Beispiel von der Luft ins Wasser liefen.

Die Reflexion des Lichtes an einem Spiegel

4 *FORSCHE SELBST! Auf Seite 51.*

Oder in ein Stück Glas hinein. Sie blieben zwar noch unbeirrbar geradlinig, wenn sie senkrecht auf eine Glas- oder Wasseroberfläche auftrafen. Kamen sie aber schräg an, wurden sie abgebogen.

Aber wie wurden sie abgebogen, nach welchem Gesetz? Bei doppeltem Auftreffwinkel vielleicht doppelt so stark? Leider war es nicht so einfach und

Deshalb sieht ein Stab, etwa eine Zahnbürste, die Du in eine Schale mit Wasser hältst, abgebrochen aus.

viele Wissenschaftler hatten sich an dieser Frage die Zähne ausgebissen, zum Beispiel der berühmte Grieche Ptolemäus, der die Bahnen der Planeten* und Fixsterne um die Erde (so nahm man damals noch an) zum ersten Mal genauestens berechnet hatte. Auch Galilei und Johannes Kepler, der deutsche Astronom, suchten vergeblich nach einem Gesetz zur Brechung der Lichtstrahlen. Es wurde etwa gleichzeitig mit Galileis Fallversuchen von dem Engländer Thomas Harriot gefunden. Galilei wusste 1609 nichts davon. Man brauchte es zur Erfindung des Fernrohrs

Die Lichtbrechung im Wasser

Das Fernrohr Galileis, das dieser nach den Berichten aus Holland konstruierte, bestand aus zwei Glaslinsen.

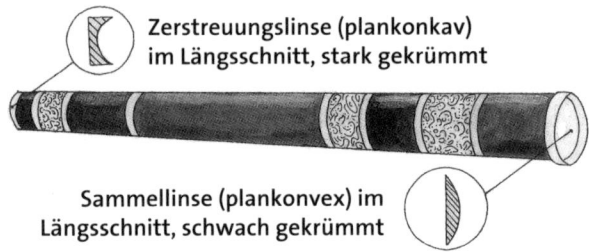

Eine ist auf der einen Seite schwach nach außen gekrümmt, ein zarter Bauch sozusagen, auf der anderen Seite ist sie eben wie ein Spiegel. Das ist eine Sammellinse.

Die zweite ist umgekehrt geschliffen: Auf der einen Seite also auch eben, auf der anderen aber – und nun stark – nach innen gekrümmt, wie eine kleine Delle im Blech. Das ist eine Zerstreuungslinse. Da man hier mit dem Auge hineinsieht, heißt die Linse nach dem lateinischen Wort für Auge *Okular*. Die andere nennt man *Objektiv*: Sie ist dem Objekt zugewendet.

auch nicht – zu seiner Erklärung und Verbesserung wurde es allerdings bald nötig.

Für Galilei war klar, dass sich alle Technik wissenschaftlich erklären ließ und alle Wissenschaft technisch ausnutzbar war. Und beide Gebiete konnten sich gegenseitig befruchten. Das war für viele damals noch nicht selbstverständlich.

Zunächst einmal wollte Galilei das holländische Wunderrohr nachbauen – ohne genau zu wissen, wie es funktionierte. Er schliff Linsen, setzte sie zusammen, dicht an dicht, dann etwas weiter voneinander entfernt. Durch ein Papprohr wurde störendes Sonnenlicht unterdrückt und der Erfolg blieb nicht aus. Plötzlich konnte er nicht nur nahe Dinge, wie mit einer Lupe, groß sehen, sondern auch weit entfernte Dinge. Von seinem Haus aus konnte er die Dächer weiter weg dreimal so groß sehen wie ohne dieses Linsenrohr!

Und vielleicht dachte er jetzt schon weiter: Was war das für ein fantastisches technisches Gerät, für Krieg und Frieden gleichermaßen gut geeignet! Sicher konnte man fremde Kriegsschiffe auf See schneller erkennen als mit bloßem Auge. Auf der Jagd waren Tiere aus der Ferne aufzuspüren. Aber noch etwas kam ihm vielleicht schon in den Sinn: Was war das für ein fantastisches wissenschaftliches Instrument! Man konnte sicher auch Sonne, Mond und Sterne näher betrachten.

Galilei ließ sofort alle Versuche mit fallenden Steinen und Bleistücken sein und konzentrierte sich auf das neue Gerät. Nicht auf Sonne, Mond und Sterne richtete er sein Fernrohr zuerst. Das dauerte noch bis in den Spätherbst. Er dachte zunächst an den technischen Nutzen.

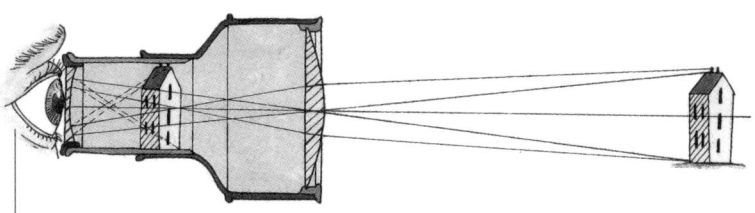

Ein heutiges Opernglas funktioniert nach dem Prinzip des galileischen Fernrohrs: Die Glaslinsen „holen" das weit entfernte Haus ganz nah heran. Deshalb sehen wir es größer.

Es war damals gar nicht selbstverständlich, sofort an den wissenschaftlichen Einsatz des Fernrohrs zu denken. Technische Instrumente waren nämlich in der Wissenschaft nicht erlaubt! Denn sie überlisteten die Natur. Technik hieß damals noch Mechanik und Mechanik hieß im Griechischen Überlistung. Nur einfache Instrumente wie etwa der Zirkel in der Geometrie oder in der Astronomie das Diopter zum Peilen waren zur Gewinnung von Erkenntnissen zugelassen.

Als geschickter Instrumentenbauer war es für ihn leicht, daraus Kapital zu schlagen. Er schliff Linsen und baute neue Fernrohre: Im August gelang ihm schon eine neunfache Vergrößerung. Vielleicht wollte er anderen unbedingt zuvorkommen. Die venezianische Glasindustrie war schließlich berühmt und es gab viele geschickte Glasschleifer. Aber Galilei war der bessere Wissenschaftler.

Seine Fernrohre wurden schnell die besten in ganz Europa. Viele Besucher wollten ihre Zauberkraft testen, sie verbreiteten den Ruf Galileis auch außerhalb Italiens. Das war wichtig in einer Zeit, in der es noch keine wissenschaftlichen Zeitschriften, Tagungen und Nobelpreise gab, die die Berühmtheit eines Wissenschaftlers steigern konnten. Galilei genoss den Erfolg (wie das heutige Wissenschaftler auch tun) und er brauchte ihn. Seine Stellung als Professor in Padua war nicht lebenslang gesichert. Er musste im Abstand von ein paar Jahren immer neu um sie und um die Höhe seines Gehaltes kämpfen.

Bei den Vorführungen der Fernrohre sprach Galilei wohl hin und wieder mit seinen Schülern und den fremden Besuchern über seine Probleme: „Welch großartige Erfindung habe ich da gemacht (dass er das Fernrohr nur *nach*erfunden hatte, ließ er unerwähnt), 20 Jahre habe ich für die Wissenschaft gearbeitet. Sicherheit habe ich trotzdem nicht. Ich würde gern in Ruhe drei große Werke veröffentlichen. Aber ich muss viel Zeit für dumme Privatschüler verwenden, um Geld zu verdienen. Ich muss den einflussreichen Kaufleuten der Republik, diesen Pfeffersäcken, schmeicheln. Ein einzelner Herrscher, den ich beeindrucken würde, könnte schneller und wirksamer meine Wünsche erfüllen."

Sagredo, ein reicher Edelmann aus Venedig und auch guter Freund von Galilei, antwortete ihm: „Ich weiß, an wen du denkst – an den Großherzog der Toskana, Cosimo di Medici in Florenz. Bist du sicher, du wärest dort glücklicher als in Padua?"

„Warum nicht?", meinte da Filippo Salviati, der florentinische Freund Galileis, „Cosimo war drei Jahre lang Schüler Galileis, er ist neu auf dem Thron und sicher sehr interessiert an der Wissenschaft."

Galilei ergänzte: „Zumindest wird er, wie alle, dieses Wunderrohr aufregend finden. Aber ich müsste ihm etwas ganz Besonderes bieten können, das er als Erster erfährt. Zunächst werde ich aber die Wirkung des Fernrohres an der Republik Venedig testen. Mal sehen, was die Signoria für mich tun will."

Ein Sehrohr für Venedig

Die Signoria war eine Art Staatsrat der Republik Venedig, an deren Spitze ein Doge stand. Sein Palast ist heute neben dem Markusdom die größte Sehenswürdigkeit Venedigs. Am 21. 8. 1609 stand auf der Tagesordnung der Staatsratssitzung:
Vorführung eines neuen für Krieg und Frieden ungemein nützlichen Instrumentes des Herrn Professors Galileo Galilei aus Padua.
Galilei war ein geschickter Redner und so wusste er, dass seine Ansprache kurz zu sein hatte. Er hob die Bedeutung der Griechen hervor, die Europa Wissenschaft und Technik geschenkt hatten. Aber was sei all dieses gegen die Entwicklung in Italien. Er fuhr fort: „Insbesondere Venedig, dem zu dienen ich stolzer sein kann als Archimedes dem mächtigen Syrakus, Venedig, vor dem sich Orient und Okzident verneigen, dessen Güter und Technik über alle Meere gehandelt werden, hat zu dieser neuen Zeit Unvergängliches beigetragen. Große Signoria, ein kleines Gerät, das ich nun präsentiere, kann dem schon vorhandenen Glanz nur wenig hinzufügen. Und ohne das große Verständnis dieses Landes für Wissenschaft und Technik wäre es nie zu solch einer Erfindung gekommen."

Damit verschwieg Galilei wieder ein Stück der Wahrheit. Kein Wort über Holland, kein Wort über seine Unzufriedenheit mit Gehalt und Stellung. Aber die Taktik war sicher richtig. Er hat später nicht mehr behauptet, das Fernrohr erfunden zu haben. Und verbessert hat er es nun wirklich entscheidend!

Doch Worte waren nicht das Wichtigste an diesem Tag. Das Fernrohr selbst schlug wie eine Bombe – sagen wir zeitgemäßer wie eine Kanonenkugel – ein. Alle kletterten auf den Turm neben dem Markusdom, den höchsten Punkt Venedigs. Selbst die ältesten Staatsräte machten mit. Und was sie sahen, war wirklich das Treppensteigen wert: Die Schiffe weit draußen auf der Lagune schienen plötzlich so nahe zu sein wie die Gondeln direkt unten auf dem brackigen Wasser.

Ein Ratsherr nach dem anderen geriet in Erregung, und kaum war das Gerät durch alle Hände durch, wollte es jeder noch einmal vor das Auge halten – ob der Zauber nicht inzwischen verflogen war?
Aber er blieb. Es war kein Zauber – oder doch? Man sah sogar Schiffe, weit draußen auf dem Meer, die mit bloßem Auge nicht zu entdecken waren! Erst nach zwei Stunden sah man sie direkt. Zwei Stunden mehr Vorwarnzeit für einen Angriff! Das war natürlich jedem der Staatsräte klar.
Galilei genoss das Staunen. Dachte er schon an die Wissenschaft? Hatte er vielleicht schon sein Instrument auf Mond und Planeten gerichtet? Wir wissen

es nicht. Er hatte jedenfalls von jetzt an noch viel weniger Zeit dazu.

„Meister Galilei", sprach ihn der Doge an. „Sie haben der Republik einen großartigen Dienst erwiesen. Ab sofort verdoppeln wir Ihr Gehalt, und das auf Lebenszeit. Mögen Ihnen weitere große Erfindungen zum Ruhme der Republik beschert sein."

Dieser Erfolg blieb nur ein Auftakt zu noch mehr allerhöchster Neugierde auf seine Instrumente. Zwölf Tage nach diesem Ereignis – so lange brauchte ein Reiter mit der Sensationsnachricht nach Florenz und zurück – erhielt Galilei einen wichtigen Brief. Der Großherzog der Toskana sei brennend an einem Fernrohr interessiert. Man schickte ihm sogar Glasstücke zum Schleifen. Zwar hatte ihn Venedig streng angewiesen, das Geheimnis seines Instruments auf keinen Fall weiterzugeben, aber es war ja gar kein Geheimnis mehr! Und so hatte er keine Skrupel, einflussreichen Gönnern – nicht nur Cosimo in Florenz – solche Rohre zu schicken. Er verbesserte sie dabei fleißig weiter. Spätestens im Herbst 1609 hatte er schon eine 20-fache Vergrößerung erreicht.

Und Ende Herbst, wahrscheinlich erst Ende November, richtete er sein Fernrohr zum ersten Mal auf den Himmel. Andere waren ihm da schon zuvorgekommen. Aber Galilei hatte die besten Fernrohre und das größte Geschick, Revolutionäres aufzuspüren und populär zu machen.

Astronomische Entdeckungen

Schon im März 1610 veröffentlichte Galilei seine astronomischen Beobachtungen als „Sidereus Nuncius", zu Deutsch „Die Sternenbotschaft". Das war eine wissenschaftliche Sensation ersten Ranges. Stell Dir vor, wir würden heute Planeten und Sterne entdecken, die wir bisher noch nie gesehen haben und bisher auch nicht für existierbar hielten – vielleicht solche aus Antimaterie*. Das wäre vergleichbar mit Galileis ersten astronomischen Entdeckungen: dass der Jupiter vier Monde besitzt; dass unser Mond aus Gebirgen und Meeren besteht; dass es viel mehr Sterne gibt, als Menschen seit ihrer Existenz gesehen haben. Galilei zählte zehnmal, 100-mal bis „unerforschlich"-mal so viele. Das war wirklich so unvorstellbar, wie es heute Sterne aus Antimaterie wären.

Noch unglaublicher, wenn man unglaublich überhaupt steigern darf, musste allen damals erscheinen, was die Milchstraße* im Fernrohr bot. Sie bestand aus vielen, ja unzähligen Sternen. Nur für die schwachen Menschenaugen hatte ihr Schimmer eine milchige Flüssigkeit vortäuschen können.

Eigentlich war es verwunderlich, dass sich nur wenige – stockkonservative – Wissenschaftler weigerten, durch solche Überlistungsinstrumente zu schauen. Denn komplizierte Apparate waren zur Erkenntnis nicht zugelassen! Doch Galilei argumentierte ja überzeugend, dass hier gar nicht überlistet wurde, sondern nur die schwache Augenkraft des Menschen verbessert – so wie das Brillengläser schon lange taten. Auch die Jesuiten, die kompromisslosen Vertreter der geistigen Macht der Kirche, feierten Galilei damals noch. Der Papst, Kardinäle, Herzöge, Prinzen und Grafen wollten diese neuen Himmelswunder sehen. Am Himmel konnte nun jeder selbst Entdecker spielen, ohne eine strapaziöse Schiffsreise unternehmen zu müssen! Mit nur zwei Linsen vor den Augen sah man unzählige neue Kontinente im All.

So gut wie unsere heutigen Feldstecher waren Galileis Fernrohre noch nicht. Das Linsenglas war schlechter und auch der Schliff war nicht so gut. Heute haben wir zudem in jedem Objektiv mehrere Linsen. Wenn Du ein normales Fernrohr mit sieben- bis zehnfacher Vergrößerung und vor allem mit guter Lichtstärke hast, bist Du Galilei überlegen, auch seiner späteren 30-fachen Vergrößerung.

| 5 *FORSCHE SELBST! Auf Seite 52.*

Entdeckungen und Argumente

Für Galilei veränderten sich Gehalt und Stellung noch einmal entscheidend. Er hatte am Himmel nun auch entdeckt, was er gehofft hatte: eine ganz aufregend neue Sache für Cosimo von Florenz – seine Fahrkarte an den toskanischen Hof! Galilei entdeckte vier neue Planeten, wie er sie nannte. Wo es doch seit den Zeiten Babylons nur sieben gab! Die heilige Zahl sieben: Mond, Merkur, Venus, Sonne, Mars, Jupiter, Saturn. Das waren die einzigen Himmelskörper, die unter den vielen Fixsternen noch wanderten, deshalb der griechische Name „planetes", also Wanderer. Und nun fand Galilei vier weitere „Wanderer", die um Jupiter kreisten. (Wir nennen sie heute die vier galileischen Monde.) Er nannte sie „Mediceische Planeten". Es gab wirklich vier Brüder Medici, wobei die Schmeichelei Galileis vor allem auf Cosimo gerichtet war. Das war ein diplomatisches Meisterstück – der Großherzog wurde in die Nähe der antiken Götter wie

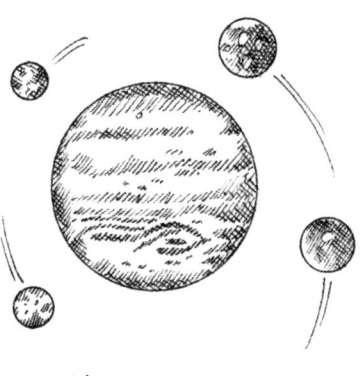

Jupiter, Mars und Saturn gerückt. Galilei wurde im Handumdrehen zum Hofmathematiker in Florenz ernannt, noch einmal mit mehr Gehalt, mit dem Titel Professor an der Universität Pisa, aber ohne die lästige Verpflichtung zu Vorlesungen vor unaufmerksamen Studenten.

Am 12. September 1610 traf er in Florenz ein. Ein neues, unabhängiges Leben hatte für ihn begonnen – so glaubte er. Bald wurde jedoch deutlich, dass er sich getäuscht hatte. Die Inquisition der katholischen Kirche, die alle Abweichungen vom vorgeschriebenen Glauben grausam verfolgte, hatte in Florenz weitaus mehr Macht als in der liberalen Republik Venedig. Florenz schützte ihn nicht, als er einige Jahre später eine Verwarnung der Kirche bekam. Und 20 Jahre später wurde er den peinlichen Verhören in Rom ausgeliefert, weil er an eine ketzerische Theorie glaubte: Die Sonne sollte im Zentrum des Planetensystems stehen, nicht mehr die Erde, wie es in der Bibel und bei Ptolemäus stand. Die Erde, nicht die Sonne, sollte sich täglich und jährlich im Weltall bewegen.

Das erscheint uns heute selbstverständlich – aber Hand aufs Herz, wer weiß, warum? Wir sehen doch nur, wie die Sonne sich bewegt!

Galilei ist wohl spätestens durch seine Fernrohrbeobachtungen zum Anhänger dieses kopernikanischen Weltbildes* geworden. Obwohl diese Beobachtungen nichts über die Bewegung der Erde und den Ort der Sonne aussagten! Aber immerhin: Der Himmel war nicht mehr so edel, unveränderlich, total verschieden von der Erde wie vorher. Auf dem Mond gab es Berge, er war also ein Dreckklumpen wie die Erde. Vielleicht war auch die Sonne ähnlich unvollkommen? Dann war es aber auch denkbar, dass die Erde sich wie die übrigen Planeten bewegte. Der Jupiter zum Beispiel hatte ja Monde wie die Erde einen und kreiste doch um die Sonne!

Galilei formulierte es übrigens geschickterweise umgekehrt: Nicht der Mond war ein Dreckklumpen, sondern die Erde ein Stern. Sie leuchtete wie der Mond und der Jupiter durch das Licht der Sonne. Das konnte man auch beweisen. So sieht man etwa bei schmaler Mondsichel den dunklen Teil des Mondes schwach aufgehellt – weil die leuchtende Erde ihr Licht zum Mond reflektiert.

Galilei glaubte, noch einen besseren Beweis für Kopernikus zu haben. Er brachte ihn erst im Dezember 1610 in einem geheimnisvollen Worträtsel, um nichts zu verraten, bevor er ausführlich dazu schreiben konnte: *"Die Mutter der Liebe wiederholt die Figuren der Cynthia."*

Cynthia ist der Mond. Wer ist die Mutter der Liebe am Himmel? Errätst Du, was gemeint ist? ... Genau, die Venus ist es.
Die Venus wiederholt die Figuren des Mondes – als Sichel, Halbvenus und Vollvenus. Auch das kannst Du heute mit einem guten

Feldstecher leicht selbst entdecken. So etwa zehnmal sollte er schon vergrößern. Du findest die Venus – sie ist nicht immer am Himmel zu sehen – entweder als Abendstern im Westen nach Untergang der Sonne (ein sehr heller Stern) oder vor Aufgang der Sonne im Osten. Das ist etwas für Frühaufsteher.

Galilei musste um die Ecke argumentieren: Die Venusphasen beweisen zunächst nur, dass die Venus sich um die Sonne bewegt. Das alte griechische System nahm ja an, dass alle Planeten und Fixsterne um die ruhende Erde kreisen. Nichts davon konnte mit dem Fernrohr direkt widerlegt werden. „Aber die Venusphasen sind eine solche Widerlegung", hätte uns Galilei triumphierend geantwortet. „Die Venus erscheint auch als Vollvenus, dann ist sie rund und klein, also am weitesten von uns entfernt. Außerdem kann sie sich nie sehr weit von der Sonne entfernen: Sie bleibt immer Abend- oder Morgenstern. Eine Vollvenus ist also nur erklärbar, wenn dieser Planet einmal jenseits der Sonne steht, von ihr also volles Licht bekommt, wie der Mond bei Vollmond. Sie kann nicht ständig zwischen Sonne und uns kreisen, wie es Ptolemäus annahm. Und eine besonders große Sichel ist die Venus, wenn sie uns nahe kommt. Mit einem Satz: Die Venus kreist um die

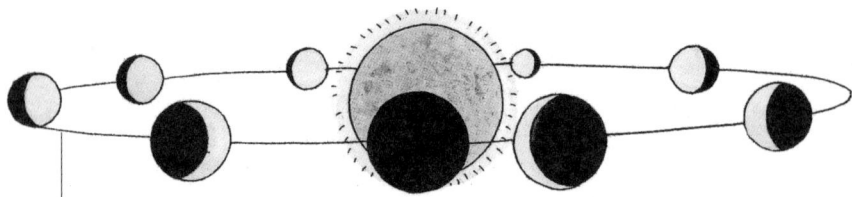

Die Phasen der Venus (von der Venussichel bis fast zur Vollvenus) beweisen, dass sie sich um die Sonne bewegen muss.

Sonne, das ist mein schlagender Beweis für diese These von Kopernikus. Die alten Astronomen hatten unrecht."

Und jetzt kommt die „Ecke" bei Galilei: „Wenn die Venus um die Sonne kreist, warum gilt das nicht auch für alle übrigen alten Planeten: Merkur, Mars, Jupiter und Saturn? Nur der Mond bleibt der Erde erhalten, wie die Jupitermonde dem Jupiter gehören. Und dann, ja dann könnte auch die Erde als glanzvoller Stern wie diese alle die Sonne umkreisen, wie Kopernikus behauptet hat."

Der „Beweis" stand noch auf schwachen Beinen.

An seinen Schüler Benedetto Castello in Brescia schrieb Galilei am Jahresende 1610: „Selbst wenn die Sterne persönlich auf die Erde kämen, um mit den dummen Anhängern der alten Philosophie zu diskutieren, sie würden immer noch nichts einsehen."

Seine Gegner wollten natürlich auch nicht an die Sonnenflecken glauben, die Galilei im November auf dieser göttlichen Leuchtkugel gefunden hatte. Flecken auf der Sonne, nein, das konnte auf keinen Fall sein! Hier machten auch die wissenschaftlich erstaunlich modernen Jesuitenmönche, die einflussreichsten philosophischen Berater des Papstes, nicht mehr mit. Das mussten, wenn schon keine Täuschungen, dann wenigstens Wolken zwischen der Sonne und der Erde sein. Die fleckenlose und um die Erde kreisende Sonne, das wollte und konnte kein Theologe aufgeben!

Nun zeigte aber Galilei, dass die Flecken sich mit der Sonne um deren Achse drehten. Also gehörten sie wohl direkt zur Sonne. Hier begann ein gefährlicher Disput. Hatte nicht Gott die Sonne rein und fleckenlos geschaffen? Und standen nicht in der Bibel die Worte Gottes: „Sonne, steh still im Tale Gideon?" Also war die Sonne um die Erde bewegt und nicht umgekehrt. Das Fernrohr hatte noch lange nicht das Recht, die Bibel für null und nichtig zu erklären!

Sonnenflecken, das wissen wir heute, sind Flächen auf der Sonne, die geringere Temperaturen als die sonst üblichen 5.500°C haben. Deshalb erscheinen sie dunkel.

6 FORSCHE SELBST! Auf Seite 53.

Das Fernrohr und seine Folgen

Das Fernrohr hat den Himmel weit geöffnet für den Menschen. Es ist bis heute – zusammen allerdings mit Radioteleskopen*, Gammastrahlensonden und ähnlichen Instrumenten – der einzige Zugang zu den Milliarden und Abermilliarden von Sternen geblieben – trotz Raketen und Weltraumsatelliten. Die Sterne bewegen sich immer noch um einen einzigen großen Stern: um unsere Sonne und um ihre Planeten. Und noch etwas war revolutionär an diesem Fernrohr. Man konnte mit einem wissenschaftlichen Instrument Geld verdienen und ganz neue Macht ausüben. Es war so etwas wie Grundlagenforschung, Friedenstechnik und kriegstaugliches Material gleichzeitig. Das sollte der Menschheit bald noch viel selbstverständlicher – und gefährlicher – werden.

FORSCHE SELBST!
Das Spiegelgesetz
Ein einfaches Experiment zum Spiegelgesetz (Reflexionsgesetz) kannst Du mit einer Taschenlampe machen. Leuchte schräg auf einen Spiegel. Wo kannst Du auf der anderen Seite den gespiegelten Lichtstrahl mit einem Papier auffangen? Genauso schräg natürlich, wie Du eingestrahlt hast.
Wie Lichtstrahlen im Wasser abgebogen werden, kannst Du ebenfalls mit einer Taschenlampe untersuchen. Leuchte mit ihr

schräg in eine Glasschüssel mit Wasser und merke Dir die Stelle, wo der Lichtfleck durch das Wasser und das Glas auf dem Tisch zu sehen ist. Jetzt ziehe die Schüssel weg, halte aber die Taschenlampe unverändert fest. Der Lichtfleck trifft jetzt den Tisch an ganz anderer Stelle. Im Wasser waren die Lichtstrahlen offenbar ein Stück von ihrem geraden Weg abgeknickt worden.

Ein gutes Fernrohr

Beachte bei einem Fernrohrkauf: Die Lichtstärke eines Fernrohrs hängt vor allem vom Durchmesser der Objektivlinsen ab. Auf jedem „Feldstecher" (das sind Doppelfernrohre) sind zum Beispiel zwei Zahlen angegeben, etwa 8×50. 8 heißt achtmalige Vergrößerung, 50 ist der Objektivdurchmesser in mm. 40 mm sind schon gut brauchbar für das Überprüfen von Galileis Entdeckungen. Entscheidend ist also, wie groß die „Augen" des Fernrohres sind, das heißt, wie viel Licht da hindurchkommt!

Wenn Du ein Fernrohr für astronomische Zwecke kaufst, lass Dich nicht von den tollen Vergrößerungen beeindrucken. Als Faustregel gilt: Objektivdurchmesser in Millimeter als stärkste Vergrößerung! Mehr lohnt sich nicht. Man sieht dann eher schlechter. (Ausnahme: sehr helle flächige Lichtquellen, das sind Sonne und Mond. In die Sonne darf man aber nie mit den Augen hineinschauen!! Man kann ihr Bild auf ein weißes Blatt Papier projizieren.)
Wenn Du also ein astronomisches Fernrohr mit 60 mm Linsendurchmesser kaufst (Spiegelfernrohre sind für Anfänger schwieriger zu handhaben), lohnt sich höchstens 60-fache Vergrößerung für Stern- und Planetenbeobachtungen.

Die Sonnenflecken
Die Sonnenflecken kannst Du mit so einem Fernrohr (siehe oben) auch leicht finden – meist als unregelmäßige schwarze Pünktchen. ACHTUNG: Du musst die Sonne dabei als ein Bild durch das Fernrohr auf ein Stück Papier projizieren! **Sieh niemals ungeschützt mit einem Fernrohr direkt in die Sonne!** Ein Fernrohr bündelt das Licht der Sonne und dort, wo es auftrifft – das wäre Dein Auge –, verbrennt alles in kürzester Zeit. Es gibt deshalb auch extra Sonnenfilter für Fernrohre.
Die Flecken auf der Sonne sind jedoch nicht immer deutlich sichtbar.

3. Antoine Nollet spielt mit der neuen Elektrizität

Von Blitzableitern, Kondensatoren und elektrischen Schlägen

An einem schwülen Sommertag im Jahre 1752 standen an den Fenstern des Schlosses von Versailles bei Paris ein adeliger Herr, ein Chevalier also, und eine adelige Dame, eine Marquise. Sie trafen sich nicht zufällig. Eine große Hofgesellschaft des französischen Königs Ludwig XV. war geladen. Ein prächtiges Fest sollte beginnen, mit exzellentem Essen und Trinken, mit Gesellschaftsspielen, Theatervorführungen, Parkwanderungen, mit Plaudereien über Mode, Malerei, Literatur und Wissenschaft.

Jawohl, über Wissenschaft! Wir schreiben das Zeitalter der Aufklärung und auch am Hofe in Versailles durften natürlich die Hauptthemen dieses „Zeitalters der Vernunft" nicht fehlen: Gespräche über Sterne und die Bewegung der Erde, über Krankheiten und neue Heilmethoden, über ferne Kontinente und ihre unglaublichen Sitten und Schätze, ihre Pflanzen und Tiere. Plaudereien über Maschinen, die mit Feuer und Dampf angetrieben wurden und als schnaubende Eisensklaven Bergwerke von Wasser leer pumpten, und über neue Experimente sogar mit der gefährlichsten Waffe, die der Himmel kannte, mit Blitzen.

Letzteres war es, was auch unsere zwei vornehmen Gesprächs-

partner näher zusammenführte. Draußen im Park entlud sich ein Gewitter. Der Chevalier und die Marquise hatten sich gerade noch ins Trockene retten können.
Nach einem schrecklichen Donnerschlag schüttelte
sich die Marquise und rief: „Wie grausam kann die Natur doch sein. Gerade war noch schönstes Sommerwetter und nun dieses fürchterliche Gewitter."
Der Chevalier wandte sich zur Marquise. „Vielleicht ist die Sonne das Schönste in der Natur, aber sind nicht Blitz und Donner majestätischer, eben weil sie so fürchterlich hell und laut sind? Im Übrigen können wir Menschen jetzt sogar mit Blitzen experimentieren. Haben Sie davon schon gehört?"
„Meinen Sie den Herrn Dalibard, den Botaniker und Physiker, der angeblich in Marly den Blitz mit einer langen Stange vom Himmel geholt hat? Ich glaube nicht daran", fügte sie halb spöttisch, halb ängstlich hinzu und zeigte auf einen weiteren Blitz, der gerade vom Himmel zur Erde fuhr.
Der Chevalier antwortete: „Ich habe die Nachricht schon vor ein paar Tagen erhalten und ich versichere Ihnen, ich bin der Sache nachgegangen. Sie ist wahr. Die Idee stammt aus Amerika von einem gewissen Herrn Franklin*, der ein tüchtiger

Geschäftsmann ist. Er beginnt seine Abhandlung über diese Stangen, nennen wir sie Blitzableiter, mit den Worten: ‚Es sei zwar gut zu wissen, warum eine Tasse zu Boden falle, wenn man sie loslasse, aber besser sei es, das zu verhindern.'"

„Ich verstehe", sagte die Marquise. „Es ist zwar gut zu wissen, dass der Blitz eine elektrische Entladung der Wolke ist, aber

So stellten sich die Menschen 100 Jahre später den ersten Blitzableiterversuch 1752 vor. Er war wirklich ein tödlich leichtsinniges Wagnis!

besser ist es, seine schrecklichen Zerstörungen zu verhindern. Erzählen Sie mir mehr über Dalibard!"

„Mit dem größten Vergnügen", antwortete der Chevalier. „Herr Dalibard hatte kaum von den Vorschlägen Franklins gehört, als er sie auch schon in die Tat umsetzte. Er stellte auf freiem Feld eine lange Metallstange auf und isolierte sie durch Glasflaschen vom Boden. Als die ersten Wolken eines – noch fernen – Gewitters heranrückten, eilte ein Freund von ihm, ein Pfarrer, als Erster zu seinem Apparat. In der Hand hatte er einen Stab, von dem ein metallischer Draht kurz über dem Erdboden hing. Den Stab hielt er an die lange Metallstange. Und wirklich, aus den Wolken kam Elektrizität, nicht direkt in den umliegenden Boden, sondern zunächst in die lange Metallstange, wie magisch angezogen. Und von dort lief sie über den Draht am Stab und sprang mit sichtbaren Funken in die Erde."

„War das nicht sehr gefährlich?"

„Ich glaube schon. Wenn der Stab in der Pfarrershand nicht gut genug isoliert hätte, wäre der Blitz in ihn selbst gefahren. So aber bot der Draht eine viel bessere Leitung."

„Ich habe gelesen, dass elektrische Entladungen immer den Weg durch Metall suchen. Warum ist das so?"

„Man weiß es nicht genau. Metall ist für Elektrizität wie ein Kanalrohr für Wasser. Dort stürzt sie sich hinein und macht sich nicht die Mühe, in der Umgebung einen Weg zu graben."

Die Marquise schmunzelte.

„Oh, ich bin brennend interessiert an diesen neuen Fragen. Wenn Elektrizität dasselbe wie ein Blitz ist, was ist dann der Blitz, wenn er im Metall entlangfährt? Dann sehen wir ihn doch überhaupt nicht! Ich las auch, man könne Elektrizität wie Wein in Flaschen speichern und nach Tagen wieder hervorzaubern. Und", spöttisch fuhr sie fort, „nach Jahren wäre diese Elektrizität vielleicht besonders samtig und voll."

1746 entdeckte man in Leiden, Holland, dass sich Elektrizität in Glasflaschen speichern lässt, wenn die Innenfläche und die Außenfläche der Flaschen mit einer leitenden Schicht bedeckt sind – z. B. die Innenfläche mit Wasser und an der Außenfläche eine – nur etwas feuchte – Hand.
Viel besser funktionierte das bald mit Metallfolie innen und außen. Wir nennen das die Erfindung des elektrischen Kondensators*. Kondensatoren – allerdings nicht mehr die „Leidener Flaschen" – sind heute in allen elektrischen und elektronischen Geräten enthalten.

„Sie sind wirklich glänzend informiert", antwortete der Chevalier galant. „Darf ich Ihnen einen Vorschlag machen?" Ohne eine Antwort abzuwarten, fuhr er fort: „Ich kenne den Erzieher der königlichen Prinzen, den Herrn Antoine Nollet*, gut.

Er gibt morgen im Salon einer guten Bekannten von mir eine Vorführung über Elektrizität: Wie sie entdeckt wurde, wie man sie erklärt, was sie vergnüglich macht, wie sie uns nützt. Wollen Sie dabei sein?"

„Zehnmal ja! Ich danke dem Himmel für dieses Gewitter und versichere Ihnen: Das ganze große Fest heute ist mir langweilig geworden. Ich werde meine Begeisterung wie Elektrizität in meiner Seele verschließen und ungeduldig bis morgen warten."

„Seien Sie vorsichtig! Begeisterung kann wie Elektrizität schmerzhafte Folgen haben. Bis morgen also." Mit einer Verbeugung verabschiedete sich der Chevalier.

Die „Erfindung" des elektrischen Stroms

Vor 300 Jahren gab es noch keine Smartphones, keine Taschenlampen und natürlich keine Batterien und Akkus. Es gab auch noch keine Elektrizitätswerke, keine Steckdosen in den Wohnungen und keine Hochspannungsleitungen. Elektrizität war schon bekannt, aber nur als Reibungselektrizität: Man stellte fest, dass Bernstein, festes Baumharz oder Glasstäbe Papierschnitzelchen anzogen, wenn man sie rieb. Und im Dunkeln sah man kleine Funken sprühen. Diese – fast – unsichtbare Elektrizität konnte durch Metalle fortgeleitet werden, jedoch nicht durch Glas oder Baumharz. Denn das waren Isolatoren für diese geheimnisvolle „Flüssigkeit".

Bald erkannte man, dass Blitze in Wolken so etwas Ähnliches sind – nur viel stärker. Doch es dauerte dann noch 50 Jahre, bis man 1800 chemische Batterien erfand. Und Elektromotoren, Generatoren und schließlich Elektrizitätswerke und Glühlampen kamen noch viel später.

Wir wissen heute: In Metallen fließen *Elektronen* als elektrischer Strom und verursachen elektrische Aufladungen. In Flüssigkeiten, zum Beispiel in den Wassertropfen der Wolken, und in Gasen können es auch *elektrisch geladene Atome* sein, die mehr oder weniger Elektronen besitzen als normal. Sie heißen *Ionen*. In Isolatoren, zum Beispiel Glas, gibt es sehr wenige freie elektrische Ladungen.

Aus Taschenlampenbatterien mit ihren 1,5 Volt Spannung kann man nur schwache elektrische Ströme ziehen. Aus der Steckdose kommen bei 220 Volt Spannung schon gefährlich starke Ströme. Sie können einen Menschen sogar töten – wenn man mit beiden Händen in die Steckdose fasst!

In Hochspannungsleitungen gibt es riesige Spannungen bis zu einer Million Volt. Hier fließen auch enorm hohe Ströme, bis zu 1.000-mal stärker, als sie aus unseren Steckdosen kommen. Und Blitze zucken mit einigen zehn Millionen Volt zur Erde. Der elektrische Strom dabei kann 10.000-mal und noch stärker sein, als unsere Steckdosen hergeben. Das alles war jedoch vor 300 Jahren noch ein großes Geheimnis.

Diese Druckgrafik aus dem 19. Jahrhundert illustriert, wie der Physiker Professor Richmann bei elektrischen Versuchen 1753 in Petersburg, Russland, vom Blitz erschlagen wird.

Antoine Nollet elektrisiert sein Publikum

Die Pariser Salons waren Treffpunkte der feinen Gesellschaft, wo man miteinander diskutierte, übereinander klatschte oder sich auch nur gemeinsam langweilte. Am kommenden Tag allerdings herrschte Spannung im Salon. Der große Nollet würde experimentieren! Alle erinnerten sich an das außerordentliche Ereignis im Jahre 1746, als Nollet dem König Ludwig XV. ganz neue elektrische Entdeckungen vorführen durfte und sich dazu die tapfersten Soldaten seiner Schweizer Leibgarde ausbat. Nollet ließ damals alle Soldaten im Kreis antreten und sich die Hände reichen. Der erste erhielt eine elektrisierte Glasflasche in die Hand, die mit Wasser gefüllt war und aus der ein Metallknopf ragte. Als der letzte auf einen Befehl hin den Metallknopf berührte, waren alle Soldaten wie von Skorpionen gestochen in die Höhe gesprungen. Der König zeigte sich amüsiert und ließ das gleiche Experiment mit 300 nichts ahnenden Mönchen vorführen. Die geistlichen Herren sollen mit ihren flatternden Kutten ein lustiges Bild abgegeben haben. Aber so richtig hatte damals keiner in Paris verstanden, wie diese geheimnisvolle Elektrizität in die Flaschen kam und warum sie so „belebend" wirkte.

Jean-Antoine Nollet (1700–1770)

Wir wissen natürlich, was bei diesem Experiment geschah. Wenn die Flasche geladen ist, gibt es auf einer Seite zu viele Elektronen – also ist diese Seite negativ geladen –, auf der anderen Seite zu wenige. Diese Seite wirkt durch die festsitzenden Ionen positiv. Beide Seiten ziehen sich an und halten deshalb die Ladungen fest. Erst wenn ein Stromkreis zwischen der einen und der anderen Seite gebildet wird – etwa durch tapfere Schweizer Soldaten oder auch nur durch die zwei Hände eines Menschen, entlädt sie sich.

Das Gleiche kann Dir passieren, wenn Du aus einem mit Kunststoff bezogenen Sessel aufstehst und eine Metallklinke an der Tür berührst. Dann bist Du wie ein Kondensator aufgeladen und entlädst Dich am Metall. Doch der kleine elektrische Schlag, den Du spürst, ist völlig ungefährlich.

Der Mangel an Elektronen auf der einen Seite und der Überschuss auf der anderen können sich ausgleichen, wenn ein Stromkreis gebildet wird.

Diese „erschröcklichen" Experimente waren nun schon sechs Jahre her. Würde Nollet heute noch einmal alles anschaulich erklären?
Als das Flüstern im Salon verstummt war, begann Nollet: „Meine Damen und Herren, zu den vielen Wundern, die wir im 17. Jahrhundert dem Himmel entrissen haben – dank der kühnen Geistestaten von Galilei, Descartes und Newton, kommen

in unserem Jahrhundert neue Wunder hinzu, die wir nun unserer Erde entreißen. So haben wir nachgewiesen, dass die Erde keine vollkommene Kugel ist, sondern am Nordpol und am Südpol abgeplattet. Wir haben aus Feuer und Dampf Maschinen gemacht, die uns erlauben, das Wasser aus den tiefsten Bergwerken zu pumpen. Wir haben schließlich und endlich dem Göttervater Jupiter seine schrecklichste Waffe auf Erden entrissen: den Blitz. Bald wird es keine noch so hohe Wallfahrtskirche, kein Schloss und kein Pulvermagazin mehr geben, das Jupiter in die Luft sprengen kann. Wir werden seine Macht überall an einer Metallstange ganz sanft in die Erde hinableiten."

„Wie ist es möglich, dass die mächtigen Blitze in dünne Metallstangen fahren?", rief ein ungeduldiger Marquis. „Die Elektrizität, die Sie hier im Salon erzeugen können – ist sie wirklich das Gleiche wie die Blitzmaterie?"

„Ich werde alles genau vorführen", rief Nollet, „und dann urteilen Sie selbst. Zunächst aber zeige ich Ihnen, wie wenig und doch schon wie viel noch vor zehn Jahren der Wissenschaft bekannt war. Zur Zeit der Griechen kannte man nur die Wirkung des Bernsteins: Wird er gerieben, zieht er kleine leichte Teilchen, etwa Papierschnitzelchen, an. Sehen Sie selbst! Von seinem Namen „Elektron" kommt der Name Elektrizität für die geheimnisvolle Materie, die diese Kräfte verursacht. Bernstein, aber auch Glas, Harz und andere Stoffe ziehen beim Reiben leichte Teilchen an."

Nollet rieb nun einen Glasstab mit einem Tuch und auch dieser zog kleine Papierschnitzelchen vom Tisch hoch.

„Es gibt also die Kraft der Anziehung", rief Nollet, „wie bei der wunderbaren Himmelskraft, der Gravitation, die den Mond an der Erde hält und die Planeten um die Sonne kreisen lässt. Aber es gibt noch etwas viel Erstaunlicheres. Was wir bisher nur vom Magneten kannten, gilt auch für die elektrische Kraft. Sie kann auch abstoßen!"

Nollet hielt den geriebenen Stab an zwei sehr dünne Metallstreifen, die von einem anderen Glasstab schlaff herunterhingen. Doch kaum berührte er sie mit dem geriebenen Stab, spreizten sie sich weit auseinander.

„Diese Abstoßung ist eine gute Anzeige für die Elektrizität. Ein solches Instrument nennen wir deshalb Elektroskop."[7]

„Und warum zeigen diese Metallstreifen eine solche Abscheu voreinander?", fragte jemand aus dem Salon.

„Einige sagen", antwortete Nollet, „dass es zwei elektrische Materien gibt – im Unterschied zu der einen schweren Materie, aus der alle sichtbaren Gegenstände der Welt gemacht sind: auch dieser Tisch. Andere meinen, es gebe nur eine elektrische Materie, aber manchmal zu viel davon, das heißt im Überfluss, wir wählen dafür das Zeichen +, und manchmal zu wenig davon, einen Mangel, den man mit dem Zeichen – beschreibt. Im Prinzip erklären beide Ideen dasselbe. Zwei verschiedenartige Materien ziehen einander an, zwei gleiche stoßen einander ab. Oder: Mangel und Überfluss ziehen einander an und so weiter.

7 FORSCHE SELBST! Auf Seite 75.

In Metallen gibt es mit negativen Elektronen und festsitzenden positiv geladenen Ionen in der Tat zwei elektrische Materien, wie man schon zu Zeiten von Herrn Nollet annahm. Das gilt auch für positive und negativ geladene Ionen, etwa in Flüssigkeiten. Und das mit Überfluss und Mangel stimmt auch mit unseren heutigen Vorstellungen überein.

Nollet fuhr fort: „Noch etwas zur Leitung der Elektrizität durch die verschiedenen Materialien. Elektrizität ist offenbar eine so feine, vielleicht flüssige Materie – oder zwei Materien –, dass sie durch die Poren vieler Körper dringen kann, am besten offenbar durch Metall. Solche Körper nennen wir elektrische Leiter. Doch andere Körper kann sie nicht durchdringen. Deren Poren sind zu klein. Wir nennen sie Isolatoren, etwa Glas und Wachs. Doch jetzt möchte ich Ihnen ein berühmtes Experiment aus dem Jahr 1744 vorführen und bitte um zwei Freiwillige. Einer muss bereit sein, ein wenig Schmerzen in seiner Fingerspitze auszuhalten."

Trotz dieser Drohung meldeten sich sofort mehrere Zuhörer. Er wählte eine leichtgewichtige Dame und einen kräftigen Herrn aus; den Herrn natürlich für die Schmerzen! War es ein Zufall, dass es gerade unsere Marquise und der Chevalier waren? Die Marquise durfte sich in eine Schaukel setzen, die an Seidenschnüren aufgehängt war.

Nollet trat zurück und stellte sich an eine große Maschine mit einer Glasscheibe, einer Kurbel zum Drehen und viel glänzen-

dem Messing. „Betrachten Sie diese Elektrisiermaschine. Sie erlaubt schon eine große Verstärkung der schwachen elektrischen Kräfte, wie sie die Menschheit seit langer Zeit kennt – und funktioniert doch ganz einfach. Was geschieht, wenn ich die Glasscheibe der Elektrisiermaschine drehe? Sie reibt sich an zwei angepressten Kissen hier unten an der Scheibe. Dabei wird vom Kissen die normal vorhandene Elektrizität abgezogen, es entsteht dort ein Mangel, also minus (–). Auf der Glasscheibe wird die Elektrizität so erhöht, es entsteht hier ein Überschuss, also plus (+). Der Überschuss wird durch metallische Spitzen hier an der Seite der Maschine abgesaugt." Nollet zeigte auf eine Art Metallkamm an der Glasscheibe. „Der Mangel an Elektrizität im Kissen verbreitet sich durch metallische Leiter bis zu diesen Knöpfen, wir nennen sie den anderen Pol der Maschine, den Minuspol. All diese Teile haben also zu wenig Elektrizität."
„Und nun zu Ihnen, meine werte Dame. Nicht zum Vergnügen", betonte Nollet, „sollen Sie von dieser gefährlichen Welt

So funktioniert eine Reibungselektrisiermaschine.

abgehoben werden. Durch die Seidenschnüre als Isolatoren hat die Elektrizität, mit der ich Sie aufladen will, keine Chance, in die Erde zurückzufliehen."

Eine Hand der Marquise wurde nun mit der Elektrisiermaschine verbunden, die zweite musste einen Löffel festhalten. Und mit theatralischer Geste goss Herr Nollet 20 Tropfen einer Flüssigkeit in den Löffel.

„Das Elixier jedes Trunkenbolds, hochprozentiger Alkohol. Hier wird er endlich nützlich für die Wissenschaft. Wir werden ihn ohne Feuerstein, ohne übersinnliche Kräfte, in Flammen setzen – nur durch Elektrizität, die von der Maschine durch die Dame in den Löffel läuft."

Der Chevalier bekam in eine Hand einen Metalldraht, der mit der Elektrisiermaschine verbunden wurde. Dann wurde die Maschine gedreht. Der Chevalier musste seinen Finger langsam immer näher an den Löffel senken. Da, er zuckte ein paar Mal zusammen, als es zwischen Alkohol und Finger knisterte.

So wurde hochprozentiger Alkohol durch einen elektrischen Funken angezündet.

„Sind Sie immer so empfindlich in der Nähe schöner Damen?", rief jemand.

Plötzlich knisterte es stärker. Die, die vorne saßen, sahen einen kleinen Funken und sofort schlug eine Flamme aus dem Löffel. Einen Augenblick herrschte atemlose Stille. Dann klatschten alle Beifall.

Eine Menschenkette für die Wissenschaft

Der Höhepunkt des Vortrags des Erziehers des königlichen Prinzen, Antoine Nollet, war noch nicht erreicht. Das Publikum folgte seinen Ausführungen gebannt. Herr Nollet fuhr fort: „Sie alle erinnern sich an die Leibgarde unseres Königs und an den Mönchskonvent, die dieses Experiment gemeinsam machen durften. Hatte irgendeiner von Ihnen schon dieses Vergnügen?"

Es hoben sich ein paar Hände.

„Dann werden Sie bestätigen, dass es wirklich ein ganz zartes Vergnügen ist, auch für die empfindlichen Nerven unserer Damen geeignet."

Trotz dieser Versicherung zögerten die meisten Damen. Auch einige Herren schienen nicht sonderlich begeistert.

„Geben Sie Ihrem Willen einen elektrischen Stoß!", rief Nollet. „Die Wissenschaft braucht Kühnheit!"

Nach lebhaften Diskussionen wurden die meisten Widerstrebenden überzeugt. Nollet bat alle mutigen Zuhörer, sich die

8 FORSCHE SELBST! Auf Seite 76.

Hände zu reichen, sodass eine Menschenkette entstand, die am Experimentiertisch begann und nach vielen Windungen durch den Salon dort auch wieder endete. Nollet lud eine Leidener Flasche auf, nur mit zwei, drei Drehungen der Elektrisiermaschine, ergriff die Hand der neben ihm stehenden Dame und bat den Herrn am anderen Ende der Menschenkette mit seiner freien Hand die Kugel über dem Hals der Flasche zu berühren. Sofort sprang ein kleiner Funke über und es war keiner in der Menschenkette, der nicht zusammenzuckte und einen Ruf der Überraschung ausstieß. Während sich die Spannung in Lachen und Reden auflöste, suchten einige vergeblich in ihren Händen nach Einstichen oder kleinen Verbrennungen.

Nollet bat um Ruhe und erklärte: „Die geladene Leidener Flasche hat auf einer Seite einen Überschuss an Elektrizität, auf der anderen einen Mangel. Wenn ich die Flasche nun wieder in die Hand nehme und, durch die gesamte Menschenkette

Eine elektrische Entladung erschreckt eine ganze Menschenkette.

hier im Salon, eine Verbindung zwischen außen und innen herstelle, biete ich dem Überschuss an, durch unsere Körper zum Mangel zu fließen. Der Funke zu meinem Finger zeigt dann den Ausgleich an, danach ist alles ruhig und neutral. Jede Seite der Flasche enthält wieder normale Elektrizität."

„Erstaunlich ist aber doch", rief eine Dame, „dass so viele Menschen der Elektrizität ungehindert Durchgang lassen."

„Das Erstaunlichste dabei ist, Madame, dass die dünne Schicht Ihrer Haut, sei sie auch noch so zart", fügte er mit einer Verbeugung hinzu, „der elektrischen Materie viel größeren Widerstand bietet, als Ihr gesamtes Fleisch und Blut von einer Hand zur anderen. Und ebenfalls erstaunlich ist, dass alle Lebewesen so empfindlich gegen kleinste elektrische Funken sind, die doch nicht einmal einem Kartenhaus Blitzschaden zufügen könnten.

Doch nun wollen wir zum Thema Blitz kommen. Ist er wirklich elektrische Materie? Ich werde Ihnen 1.000- bis 10.000-fach stärkere Funken zeigen, die Sie wohl überzeugen können."

Ein Raunen ging durch den Saal. Nollet nahm eine große Leidener Flasche in die Hand. Die Innenseite war mit Metallfolie ausgekleidet. Daran war der Metalldraht geklemmt, dessen Ende mit einer Kugel wie bei der vorhergehenden Flasche oben herausragte. Er wickelte nun eine zweite Metallfolie außen um die Flasche, lud sie auf wie die vorhergehende und sagte: „Auch diese Anordnung nennen wir Leidener Flasche."

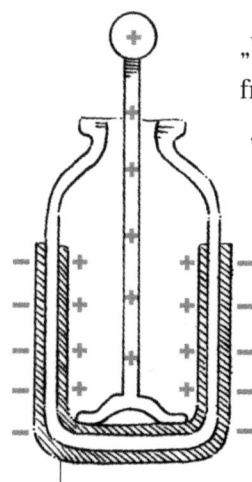

„Warum nimmt er dieses Mal kein Wasser?", fragte die Marquise ihren Nachbarn.

„Ich glaube, es zu wissen", flüsterte dieser. „Mangel und Überfluss halten sich ja an Innen- und Außenseite des Glases fest. Das Wasser im Innern ist also überflüssig. Wichtig ist nur, dass die Elektrizität an die Glasinnenwand geleitet wird. Dazu ist die Metallfolie nötig."

Nun entlud Nollet die Flasche, aber nicht mehr mit dem Finger, sondern mit einem zweiten Metalldraht, der Außen- und Innenfläche miteinander verband. Funke und Knall waren wirklich erheblich stärker.

„Mein Finger bekäme vielleicht schon eine kleine Verbrennung", sagte Nollet. „Auf jeden Fall würde mich der elektrische Schlag bis in die Brust schmerzen. Kleine Tiere kann man damit schon lähmen. Aber ich will den Funken noch weiter verstärken."

Er zeigte auf ein großes, mit Blech beschlagenes Brett, auf dem 100 gleiche Metallfoliengläser im Quadrat standen.

„Die Außenfolien dieser Flaschen sind alle durch das Blech verbunden. Bei den Innenfolien geschieht dies über die Kugeln oben, wie Sie sehen können. Ich habe also durch diese Zusammenschaltung eine 100-fach größere Flasche erzeugt. So wie wir mehrere Kanonen zu einer Batterie zusammen-

So sahen Leidener Flaschen bis fast in die Gegenwart aus.

fassen, bezeichnen wir auch diese Parallelschaltung der Leidener Flasche als ‚Batterie'."

Nollet lud diese „Batterie" über einen Metalldraht an der Elektrisiermaschine auf. Er musste ziemlich lange drehen, bis ein Zischen die volle Aufladung ankündigte. Dann entlud er die Batterie durch denselben Draht, den er vorher benutzt hatte. Es gab einen ungeheuren Funken, grell wie ein kleiner Blitz.

In die atemlose Stille hinein rief die Marquise: „Aber Blitze aus Wolken sind doch viel länger als dieser. Sie reichen bis auf die Erde!"

„Eine kluge Bemerkung", sagte Herr Nollet. „Das hängt von der Kraft der Elektrisiermaschine ab. Die Natur bildet in den

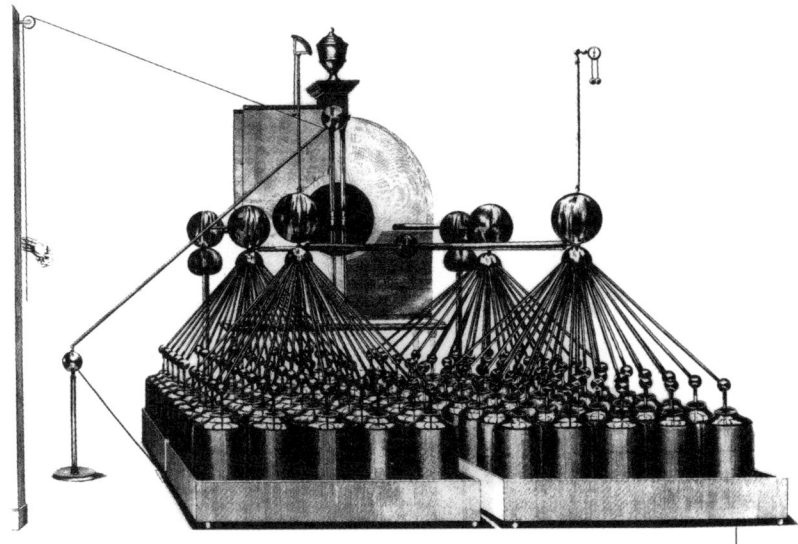

Diese schwere Kondensator-Batterie konnte schon gewaltige Funken erzeugen, wenn man sie vorher elektrisch auflud.

Wolken eine viel stärkere Elektrisiermaschine, als unser bestes physikalisches Kabinett sie besitzt – Millionen Mal stärker. Aber das Prinzip ist das gleiche. Wolke und Erdoberfläche sind wie die zwei Metallflächen einer Leidener Flasche. Es reicht ein Finger irgendwo auf der Erde: ein Turm, ein Baum und schon springt die Elektrizität über.
Es ist eher erstaunlich, dass wir überhaupt solche elektrischen Kräfte mit unseren Maschinen nachahmen können."

Doch zurück zur Elektrizität: Die Leidener Flasche erlaubt uns, die schwache Elektrizität, die ebenfalls überall vorhanden ist, so zu konzentrieren, dass sie ungeheuer stark wird. Und wir können sie in diesem Speicher aufheben, fast so lange, wie wir wollen. In der Tat, wir können den Blitz wie Champagner auf Flaschen aufziehen."
Blitzableiter, Leidener Flasche und Elektrisiermaschine waren tatsächlich drei großartige Erfindungen des 18. Jahrhunderts. Wer hätte davor gedacht, dass es solche geheimnisvollen Kräfte überall in der Natur gab und dass der Mensch sie – fast – beliebig bändigen konnte.

Ein Blitz schlägt in einen Kirchturm ein.

FORSCHE SELBST!

Was Herr Nollet als Kraft der Elektrisiermaschine bezeichnet, nennen wir heute elektrische Spannung.

Reibungselektrizität selbst nachweisen
Wenn Du Deine Kunstfaserpullover oder -strümpfe aneinanderreibst, knistert die Elektrizität. Das nennt man *Reibungselektrizität*. Aus Trinkhalmen kannst Du ein sehr empfindliches Elektroskop basteln, also ein Gerät zum Nachweis elektrischer Ladung und Spannung:
Ein Kunststoffhalm wird leicht drehbar mit einer Nadel auf eine Streichholzschachtel gesteckt. Reibst Du jetzt ein Ende des Halms mit einem trockenen Taschentuch und näherst einen zweiten geriebenen Trinkhalm, wird Dein Elektroskop-„Karussell" durch Abstoßung in Umdrehung versetzt (wenn Du das richtige, geriebene Ende erwischst). Reibst Du aber ein Glasgefäß und näherst es dem Elektroskop-„Karussell", wird das Strohhalmende, das Du vorher gerieben hast, sofort angezogen!

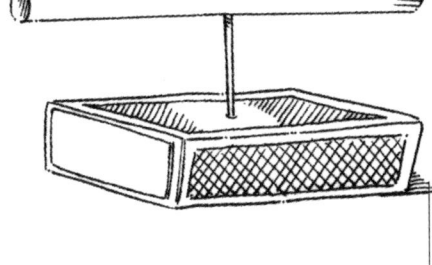

Selbst gebasteltes Elektroskop

Alkohol mit Elektrizität anzünden
Frag Deinen Lehrer, ob er Euch das mal zeigt. Es gibt in der Schule meist eine Influenzelektrisiermaschine oder einen Bandgenerator. (Reibungselektrisiermaschinen gibt es heute nur noch in Museen, im Deutschen Museum in München zum Beispiel.) Sag dem Lehrer, er soll drei Tropfen Feuerzeugbenzin in einen Metalllöffel füllen. Dann zündet der elektrische Funke garantiert. (Er muss sich zur Isolierung natürlich nicht an Seidenschnüren aufhängen; ein Plastikdeckel unter den Füßen tut es auch.)

4. Joseph Fraunhofer experimentiert mit Sternen

Glasprismen, Fernrohre und schwarze Linien

Wie würdest Du reagieren, wenn Du nicht mehr in die Schule gehen darfst? Todunglücklich wärest Du sicher nicht. Oder vielleicht doch?

Joseph Fraunhofer* aus Straubing in Niederbayern wollte wirklich lernen. Er kam 1799 mit zwölf Jahren als Lehrling zu dem „Spiegelmacher und Glaszieratenschleifer" Anton Weichselberger nach München – und musste von Sonnenaufgang bis Sonnenuntergang arbeiten. Montag bis Samstag (das waren im Sommer gut und gerne 14 Stunden), als Laufbursche zum Beispiel. Der Meister verbot ihm in der Tat den Besuch der Sonntagsschule!

Dabei gab es für Lehrlinge nur am Sonntag Schule. Sie war sogar verbindlich, wollte man Geselle werden. Vor 1797 gab es selbst diese Schule nicht. Das heißt: Lesen, schreiben und rechnen konnte nur der lernen, dem seine Eltern dies beibrachten, falls sie das selbst überhaupt gelernt hatten. Oder wenn er in den Schulunterricht geschickt wurde, der Zeit und Geld kostete. Meistens brauchte man aber jedes Kind als Jungarbeiter, um möglichst bald Geld für die große Familie dazuzuverdienen – so war das auch bei Joseph.

Wahrscheinlich hatte sein Meister, Herr Weichselberger, Angst, dass der schwächliche Joseph am Montag nicht ausgeruht wäre, wenn er sonntags in die Schule ginge! Er verbot ihm sogar, auf seinem Zimmer eine Kerze anzuzünden, sodass sich Joseph dort auch kaum etwas selbst beibringen konnte. Denn seine Kammer hatte kein Fenster und seine Freizeit begann ja erst nach Sonnenuntergang!

Als Joseph elf Jahre alt war, starb seine Mutter. Ein Jahr später starb auch sein Vater. Seine Vormünder versuchten, Joseph bei einem Drechsler in die Lehre zu geben, aber er war zu schwach dazu. Schließlich war ihnen jede Bedingung recht, um den Jungen sinnvoll zu beschäftigen. So kam er 1799 zu Meister Weichselberger, der Spiegel und Glasschmuckstücke für die gehobene Gesellschaft schliff.

Es waren damals unruhige Zeiten. Die große Französische Revolution lag zehn Jahre zurück und inzwischen war ganz Europa in Kriege verwickelt. Bayern stand zwischen dem Kaiser von Österreich und dem französischen Herrscher Napoleon, der sich 1804 auch zum Kaiser krönen ließ. Die Österreicher wurden in der Nähe von München am 3. Dezember 1800 von Napoleon vernichtend geschlagen – wie man so sagt, wenn viele Menschen sterben müssen. Bayern hielt es daraufhin mit dem Stärkeren und verbündete sich mit Frankreich, eine Entscheidung, die dem Land bis 1813 die Teilnahme an weiteren blutigen Feldzügen und hohe Kosten abforderte. Der Lohn war aber auch die Erhebung zum Königreich (1806), die Vergrößerung des Staatsgebietes auf Kosten anderer und die Förderung von Wissenschaft und Technik.

Schließlich gab es durch die Französische Revolution neue Ideen für einen moderneren Staat und für eine größere Macht des Bürgertums – und man war gegen Unwissenheit und Aberglauben.

Am 21. Juli 1801, etwa zwei Jahre war Joseph schon Lehrling, geschah ein großes Unglück, das für den Jungen zum größten Glück werden sollte. Zwei Häuser im Thiereckgässchen nahe der Frauenkirche stürzten ein. Eins davon war das Haus von Glasermeister Weichselberger. Bei Renovierungsarbeiten war gehämmert, geklopft und gezimmert worden und dabei wurden die alten Risse im Mauerwerk immer größer. Niemand achtete darauf. Plötzlich fing es im Gebälk an, zu knistern, zu knacken und schließlich zu krachen. Alle, die das bemerkten, stürzten in Panik hinaus. Nur für die Meisterin und Joseph war es zu spät. Balken und Steine brachen plötzlich mit Getöse auf sie herab. Decke und Wände wurden heruntergerissen. Die Leute draußen schrien vor Entsetzen und riefen um Hilfe.
In Windeseile sprach sich das Unglück in München herum:
„Zwei Menschen sind verschüttet; alle anderen, wie durch ein Wunder, unversehrt."
„Leben die zwei noch?"
„Man weiß es nicht."
„,Doch, unter der Stubendecke hat man Klopfzeichen gehört', sagt die Polizei."

Eine große Rettungsaktion wurde in Gang gesetzt. Es gab keine Bagger und Kräne, kein sonstiges modernes Hilfsgerät. Mit Händen und Schaufeln musste man sich durch die Trümmer wühlen, bis man näher und näher an die Klopfzeichen unter den eingestürzten Mauern kam.

Dort steckte Joseph Fraunhofer. Er war lebendig, fast unverletzt. In der Ecke der Stube war die Decke so herabgestürzt, dass ein Hohlraum für den Jungen blieb. Deshalb konnte er gerettet werden. Als man alle Trümmer und Balken auf dem Weg zum Jungen vorsichtig beiseitegeräumt hatte, konnte man ihn herausziehen. Leider wurde nur er gerettet. Die Meisterin starb an ihren Verletzungen.

Das war eine packende Rettungsaktion: Ganz München fieberte mit, obwohl noch keine Zeitung und kein Fernsehen darüber berichten konnten. Selbst der Kurfürst Max-Joseph kam zum Schauplatz und „ließ retten". Er belohnte die Rettungsmannschaft „fürstlich" und Joseph wurde in das Schloss Nymphenburg eingeladen.

Max-Joseph plauderte dort leutselig mit dem kleinen Untertan. Der Kurfürst wollte gern wissen, welche Ängste und Gedanken sich der Junge unter den Trümmern gemacht hatte. Aber das Wichtigste war, dass er ihm acht Karolinen schenkte, das waren mehr als drei Monatsgehälter eines Glasfacharbeiters. Er versprach, ihn auch in Zukunft zu unterstützen.

Zu den vielen Schaulustigen, die bei der Bergung Josephs zusahen, gehörte auch der Hofkammerrat Joseph von Utzschneider. Er war ein einflussreicher Mann beim Kurfürsten, hatte die Trockenlegung von Mooren in Oberbayern organisiert, war schon Botschafter und hoher Beamter gewesen und wollte gerade einige Fabriken gründen: „High Technology" nach München bringen, sozusagen. Auch er war arm geboren – ihm hatte ein wohlhabender Onkel zu einer guten Schulbildung verholfen. Er hatte Mathematik, Physik sowie Staats- und Wirtschaftswissenschaft studiert und war für seine Verdienste sogar geadelt worden.

Utzschneider besuchte den jungen Glaserlehrling nach seiner Rettung einige Male und interessierte sich immer mehr für ihn. „Macht dir die Lehre Spaß, Joseph?", erkundigte er sich.

„Schon, Herr Hofkammerrat, wenn ich nur mehr lernen könnte. Spiegelmacher ist ein nützlicher Beruf, aber Brillengläser sind doch auch nützlich. Das ist aber viel schwieriger und interessanter."

„Und Fernrohrgläser sind noch schwieriger."

„Wissen Sie etwas darüber?", fragte Joseph sofort zurück.

„Nur ein wenig", antwortete Utzschneider. „Es gibt viele gute Bücher über Optik, die ich als Lehrer an der Marianischen Akademie ab und zu in der Hand hatte."

„Oh, können Sie mir einige mitbringen oder wenigstens nennen?"

Als Utzschneider das nächste Mal kam, war er erstaunt, Joseph am Sonntag an einer neuen Glasschneidemaschine sitzen zu sehen. Damit konnte man Schriften in Glaspokale ritzen, Verzierungen eingravieren und anderes mehr.

„Lässt dich dein Meister sogar am Sonntag arbeiten?"

„Nein", sagte Joseph stolz, „die Maschine habe ich mir selbst gekauft. Ich habe doch alles Geld des Kurfürsten gespart. Einen Teil hat die Maschine gekostet. Einen anderen Teil will ich für eine Schleifmaschine und für die Bücher verwenden, die Sie mir nennen."

Utzschneider hatte Joseph Fraunhofer bereits einige Bücher mitgebracht und war jetzt doppelt überzeugt, dass dies keine Fehlentscheidung gewesen war.

Joseph blätterte interessiert in einem Mathematik-Lehrbuch und sagte: „Ich habe gehört, dass man für die Optik viel Mathematik wissen muss."

„Das ist richtig, es ist aber schwer, so etwas ganz alleine zu studieren."

„Ich will es versuchen. Wenn man mir nur erlaubte, mehr Zeit für diese Bücher zu verwenden!"

„Dich sollte auch ein guter Optiker im Schleifen unterrichten. Ich kenne den Brillenschleifer Meister Niggl sehr gut, der hat sogar schon Gläser für Klostersternwarten geschliffen. Ich werde dich empfehlen. Such ihn mal auf."

Joseph tat das natürlich gerne und lernte bei Meister Niggl in seinen Freistunden bald mehr von der Schleifkunst. Man musste das Schleifgerät mit der Hand sehr gefühlvoll und ausdauernd immer wieder über den Glasrohling führen, um eine gute, gleichmäßig gerundete Oberfläche für Brillengläser zu bekommen. Es gab damals keine Maschinen, die das automatisch machten. Aber wie lief nun das Licht durch die gerundeten Gläser? Warum wurde alles kleiner oder größer, wenn man durch die Gläser schaute? Um diese Fragen zu beantworten, brauchte Joseph wieder Bücher.
Da Meister Weichselberger nach wie vor das Lesen im Zimmer verbot, flüchtete Joseph an Feiertagen auf die Wiese vor dem Karlstor und las über Lichtstrahlen, Reflexion, Farbbrechung, Linseneigenschaften und Geometrie. Bei einem seiner nächsten Besuche staunte Utzschneider darüber, was der Junge alles studiert hatte. Zwar hatte er vor allem Fragen aufgestaut, aber um Fragen klug zu stellen, braucht man schon eine ganze Menge an Wissen.
„Ich habe gelesen, dass Licht, das durch Glaslinsen fällt, nicht nur vom geraden Weg abgebrochen wird, sondern auch in seine Farben zerlegt wird. Deshalb erscheinen Sterne in einfachen Teleskopen unscharf und farbig. Aber seit einiger Zeit kann man das verhindern. Wie macht man das?"
Utzschneider wusste natürlich, wie diese neuen Teleskope – achromatische Fernrohre nannte man sie – funktionierten. Das war damals in der Tat High Technology. Nur die Englän-

der beherrschten dieses Verfahren. Ein Mister Dollond hatte solche Fernrohre mit einem Objektiv aus zwei Linsen vor einigen Jahrzehnten als Erster verbreitet.

Utzschneider erklärte: „Man nimmt zwei verschiedene Glassorten: Kronglas und Flintglas. Daraus macht man zwei verschiedene Linsen, eine Sammellinse ..."

„Ein Brennglas also."

„... richtig und eine Zerstreuungslinse ..."

„Ein Verkleinerungsglas", ergänzte Joseph.

„... richtig! Was die Sammellinse aus Kronglas zu viel an Farbaufspaltung hat, macht die Zerstreuungslinse aus Flintglas wieder rückgängig."

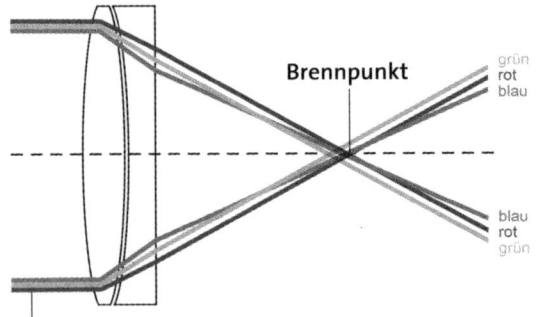

„Aber dann wird doch auch die Lichtbrechung rückgängig gemacht. Dann gibt es im Fernrohr gar kein Bild der Sterne, denn Lichtbrechung ist dazu notwendig!"

„Das ist eine gute Antwort. Aber so wäre es nur, wenn wir beide Linsen aus gleichem Glas hergestellt hätten. Im Flintglas

Bei einem solchen achromatischen Objektiv* werden von allen parallelen Lichtstrahlen die roten und blauen genau in den Brennpunkt gebündelt. Die grünen Lichtstrahlen weichen ein wenig davon ab.

ist aber Blei gelöst, es bricht das Licht stärker. So kann man die Farbaufspaltung – wenigstens für Rot und Blau – rückgängig machen und erhält dadurch insgesamt eine geringere Aufspaltung aller Farben. Dabei bleibt eine, wenn auch schwächere Brechung übrig."

„Die Farbaufspaltung in verschiedenen Gläsern verändert sich also anders als die Brechung", schlussfolgerte Joseph.

„Genauso ist es. Bei Spiegelteleskopen gibt es allerdings keinerlei Brechung und Farbaufspaltung, sondern nur die Reflexion, das Zurückwerfen von Licht."

„Dann konstruieren wir doch Spiegelfernrohre." Das lag doch auf der Hand, fand Joseph.

Spiegelfernrohr
Statt der Linsen übernehmen hier (meist parabolisch) gekrümmte Spiegel die Bilderzeugung. Sie konzentrieren wie Sammellinsen paralleles Licht, etwa von der Sonne, in einen Brennpunkt. Bei ihnen gibt es keine Farbaufspaltung, da das Licht nicht durch Materie hindurchgeht wie bei Linsenfernrohren, sondern nur an der Oberfläche reflektiert wird. Doch gibt es auch hierbei Abbildungsfehler.

Utzschneider lachte. „Man kann nicht alles gleichzeitig lernen. Spiegelfernrohre haben andere Nachteile und Linsen sind wichtiger. Wir brauchen sie sehr oft: von Brillengläsern bis zu den vielen kleinen Fernrohren. Sehr wichtig ist zum Beispiel die Vermessung eines Landes, um genaue Karten von Straßen, Feldern und Städten zu bekommen – gerade in unserer neuen Zeit. Dazu muss man mit kleineren Fernrohren, verschiedene Orte anpeilen, zum Beispiel Kirchturmspitzen oder Bergspitzen, und die gemessenen Winkel dabei genauestens auf Papier eintragen.

Aber ich sehe, dass du nicht nur wissbegierig bist, sondern auch selbstständig sehr viel gelernt hast. Was du jetzt noch brauchst, wäre allgemeine Bildung, nicht nur Wissenschaft und Technik. Gehst du in die Feiertagsschule?"

„Nein, mein Meister hat es verboten."

„Soso. Handwerksmeister denken doch sehr kurzsichtig und dafür gibt es noch keine Brillen. Ich werde mit ihm sprechen."

Joseph Fraunhofer studiert und forscht

Ein hoher Herr wie der Hofkammerrat Utzschneider konnte da natürlich etwas erreichen. Der Meister gab nach und Joseph durfte ab sofort in die Schule. Er war dort übrigens keineswegs ein Genie, eher guter Durchschnitt.

1804 kaufte sich Joseph Fraunhofer mit dem Rest des Kurfürstengeschenks von seinem Meister los, um freier studieren zu können. Das Geld dazu wollte er mit dem Druck von Visitenkarten verdienen. Das ging aber schief. Wer brauchte schon Visitenkarten in dieser kriegerisch unruhigen Zeit. Heute hätte er vielleicht mehr Glück damit gehabt! Ein halbes Jahr später musste er klein beigeben und wieder bei Weichselberger anfangen. Im Mai 1806 wurde er schließlich Geselle. Er habe sich „sehr geschickt in der Arbeit und ohne Ausschweifung ordentlich verhalten", bestätigte ihm der Alte.

Und dann kam eine mehrtägige Prüfung auf Herz und Nieren vor einem richtigen Universitätsprofessor – obwohl der 19-jährige Joseph nie eine höhere Schule, geschweige denn eine Universität gesehen hatte. Die Prüfung war natürlich durch Utzschneider vermittelt worden. Der hatte gerade, zusammen mit dem Feinmaschinenbauer Georg von Reichenbach und dem Uhr- und Instrumentenmacher Joseph Liebherr ein „optisch-mechanisches Institut" in München gegründet, um Fernrohre zur Landvermessung herzustellen.

Der Universitätsprofessor war Astronom und optischer Fachmann für die drei Unternehmer. Er quetschte Joseph nach Strich und Faden aus. Der ließ sich nicht kleinkriegen – na, ein Bonus war sicher die gute Meinung, die Utzschneider sowieso schon von ihm hatte. Kurz darauf war er frischgebackener Glasschleifer in den Glaswerkstätten des Instituts, die bald in Benediktbeuern in den ehemaligen Klostergebäuden untergebracht wurden. Dort ist die Glasschmelze heute noch, zum Teil restauriert, zu besichtigen.

Schon 1807 schrieb Fraunhofer einen Aufsatz über Spiegelteleskope. Da war viel Mathematik dabei, man musste zum Beispiel gekrümmte Spiegelflächen berechnen können. Utzschneider war nicht begeistert: „Ich habe dir doch gesagt, dass Glaslinsen wichtiger sind als Spiegel."

„Aber alle großen Astronomen haben in letzter Zeit Spiegelteleskope gebaut. Das berühmteste und größte ist von Friedrich Wilhelm Herschel, der den Uranus, einen neuen Planeten, entdeckt hat."

Das ist Herschels großes Fernrohr. Das größte, das es um 1800 überhaupt gab. Es hatte einen Spiegeldurchmesser von 120 cm.

Utzschneider ermahnte Fraunhofer: „Du willst immer nach den Sternen greifen. Wir müssen als Industrielle leider auf der Erde bleiben. Kennst du die Geschichte vom englischen König, der den Erzbischof von Canterbury, das Oberhaupt der englischen Kirche, vor Herschels Fernrohr führte?"
Joseph schüttelte den Kopf.
„Der König sagte zum Erzbischof: ‚Kommen Sie, Lordbischof, ich will Ihnen den Weg zum Himmel zeigen', und er kletterte mit ihm durch das Fernrohr. Ich glaube, dass dich ein solcher Weg auch reizt, aber deine Aufgabe ist eine andere. Wir haben große Probleme. Unser Glas ist schlecht: Ich bin mit meinem Schweizer Glasschmelzer Herrn Guinand nicht zufrieden. Unsere Linsen sind nicht gut genug geschliffen und poliert, trotz Reichenbachs Erfindungen und trotz Niggls Geschick. Du musst mir versprechen, dein ganzes Talent dahineinzustecken."
„Das werde ich tun", sagte Fraunhofer, „aber astronomische Fernrohre sind sehr berühmt. Damit kann auch die Firma berühmt werden. Umso leichter lassen sich dann Vermessungsinstrumente verkaufen."
„Wenn alles Linsenfernrohre sind, bin ich vollkommen einverstanden und Reichenbach sicher auch", war das letzte Wort von Utzschneider.

Vom Mitarbeiter zum Fabrikdirektor

Georg von Reichenbach hatte eine bemerkenswerte Erfindung gemacht. Es war die erste Linsenschleifmaschine überhaupt, bei der die Genauigkeit nicht mehr nur von Augenmaß und Fingerfertigkeit des Schleifers abhing. An einem schweren Eisenpendel, nach allen Seiten beweglich, wurde unten ein Glasrohling befestigt. Wenn das Pendel dann hin und her oder kreuz und quer geschwungen wurde – immer noch von Hand natürlich –, schabte dieser Rohling am Schleifmittel auf der Grundplatte entlang und wurde so langsam schön kugelig zurechtgeschliffen.

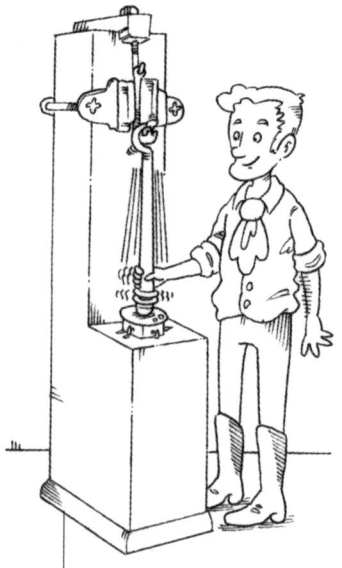

Danach allerdings musste noch poliert werden, um eine vollkommen glatte Oberfläche zu erhalten. Dabei durfte die kugelige Form nicht verändert werden! Hier überall fand Joseph Fraunhofer ganz wichtige Verbesserungen.

Mit 22 Jahren schon gehörte ihm ein Teil des optisch-mechanischen Instituts. Er wurde technischer, organisatorischer und geschäftsführender Direktor in Benediktbeuern. Fast eine amerikanische Karriere:

So wurde die Pendelschleifmaschine zum Schleifen von Linsen benutzt.

vom ehemaligen Glaserlehrling zum Fabrikdirektor!
Spiegelteleskope herzustellen, wurde ihm übrigens ausdrücklich untersagt – welch ein Glück für seine spätere große Entdeckung, können wir heute sagen! Fraunhofer musste sich deshalb auch in das chemisch-technische Problem der Glasherstellung einarbeiten. Auch hier erwies er sich als Glücksfall für die Firma. Er verbesserte die Reinigung der Stoffe für die Glasherstellung, führte Rührwerke für den Glasofen ein und plante den Erhitzungs- und Abkühlungsprozess des Glases genau. So konnte er die Ausbeute verdreifachen – ohne Schlieren und sonstige Störungen, die selbst die Linsen der vorbildlichen Engländer aufwiesen.

Fraunhofers Fernrohre waren in der Tat 50 Jahre lang die besten der Welt. Was er allerdings nicht verbesserte – und daran dachte damals niemand –, waren die Arbeitsverhältnisse in der Schmelze. Bleidämpfe, Hitze und Ruß konnten ungehindert in den schlecht belüfteten Räumen wirken. Sie trafen vor allem die Gesundheit der meist jungen Arbeiter, aber auch die von Fraunhofer selbst.

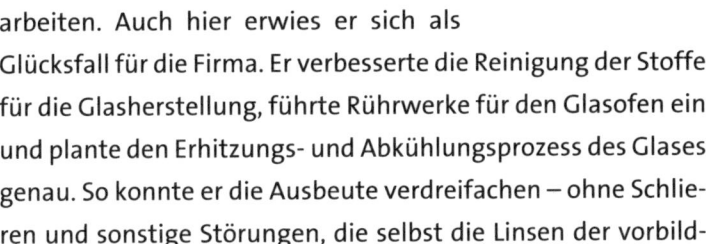

Joseph Fraunhofer (1787–1826)

Dunkle Linien im Sonnenlicht?

Fraunhofer war nun, so nach 1810, ein berühmter optischer Ingenieur geworden. Ohne diese Voraussetzung hätte er wohl nie die große wissenschaftliche Entdeckung gemacht, die ihn unsterblich werden ließ. „Wissen Sie", sagte er eines Tages in Benediktbeuern zu Utzschneider, „wir mussten überall neu anfangen. Ein Problem war die Glasschmelze, ein zweites das Schleifen und Polieren. Auch die Messung und Berechnung der Linseneigenschaften war zu verbessern. Und jede Optik ist doch nur so gut wie die Mechanik, mit der sie am Instrument bewegt wird."

„Bei der Messung von Linseneigenschaften müssen Sie doch nur Lichtbrechung und Farbzerlegung berücksichtigen. Ist das so schwierig?", fragte Utzschneider, der Fraunhofer schon lange nicht mehr mit dem herablassenden Du anredete.

„Wir wissen doch", antwortete Fraunhofer, „dass blaues Licht durch Glaslinsen oder durch dieses Prisma stärker vom ursprünglichen Weg abgelenkt wird als rotes. Aber wie soll ich diese Stärke – die Brechkraft oder den Brechungsindex – messen, denn Blau oder Rot sind breite Farbbänder. Soll ich in der Mitte von Blau oder am linken Rand oder am rechten Rand messen? Und dazu kommt: Zwischen den Farben gibt es gar keine Ränder, so wenig wie im Regenbogen, also auch keine genaue Mitte. Und den Unterschied zwischen den Brechkräften bei, sagen wir, Rot und Blau soll mir die Farbaufspaltung geben. Die kann ich also auch nicht genau messen."

Utzschneider nickte. „Ich verstehe und wie kann man das verbessern?"

„Ich habe das Licht von sechs Lampen, die ich mit verschiedenen Farbfiltern versehen habe, durch ein Prisma zerlegt. Die Farbfächer, jeder von Rot bis Violett, die ich dabei erhielt, habe ich von 0 = Rot bis I = Violett nummeriert. Das sind nun meine Messmarken."

„Schön", sagte Utzschneider, „aber ich habe das Gefühl, Sie sind noch nicht zufrieden."

„In der Tat", antwortete Fraunhofer, „die Lichtflecken sind mir immer noch zu dick. Auch ist das Lampenlicht sehr schwach und nur bei finsterster Nacht brauchbar. Ich will zunächst einmal sehen, wie das mit Sonnenlicht geht."

Wann Fraunhofer dieses Experiment mit Sonnenlicht durchführte, wissen wir nicht genau. Vielleicht suchte er auch nur nach einem hellgelben Farbstreifen, wie er ihn bei vielen

Mit Experimenten zur Brechung und Farbaufspaltung von Licht wollte Joseph Fraunhofer genaue Messmarken finden, um bessere Fernrohrobjektive herzustellen.

Lichtflammen, zum Beispiel von brennendem Öl, Talg, aber auch von Holzkohle gesehen hatte. Er war scharf hervorgehoben zwischen rotem und gelbem Band des Farbspektrums, wenn man durch ein Prisma sah. Auch im Grünen gab es solch einen Streifen, der aber sehr viel schwächer war. Vielleicht also hoffte er, im Sonnenlicht ähnliche Streifen, nur noch heller, zu finden. Das wären selbstverständlich gute Vergleichsmarken für seine Brechungsmessungen geworden.

Irgendwann also, so 1813 oder 1814, machte er den Versuch, Sonnenlicht durch einen schmalen Spalt im Fenster auf ein Glasprisma zu lenken. Dahinter stand ein drehbares Beobachtungsfernrohr, um die Ablenkung der einzelnen Sonnenlichtfarben oder Farbstreifen genau messen zu können. Und dann sah Frauenhofer das Faszinierende im Sonnenspektrum: Keine besonders hellen Farbstreifen, wie er vielleicht insgeheim erhofft hatte, dafür schmale schwarze Linien, und nicht etwa nur fünf bis sechs, wie sie ihm für jede Farbe zur Brechungsmessung ausgereicht hätten, sondern weit über 600! Mit diesen neuen Messmarken war er 1.000-mal besser als alle Optiker vor ihm.

Wie diese schwarzen Linien im Sonnenspektrum verlaufen, siehst Du *auf der hinteren Klappe* des Buchumschlags.

Aber verwundert über die seltsamen Linien im schön bunten Spektrum war er sicher.

Vielleicht hat er mit Freunden darüber diskutiert: „Das ist doch gar nicht möglich. So viele Linien. Und dort, wo im Lampenlicht der helle gelbe Streifen ist, genau dort stehen im Spektrum des Sonnenlichts zwei starke dunkle Linien ganz dicht beieinander. Ich nenne sie D-Linien."
„Hast du dich nicht getäuscht? Was passiert, wenn der Spalt im Fenster breiter wird?"
„Die Linien verschwinden."
„Siehst du, alles eine Täuschung."
Aber das war einfach zu erklären: Bei breitem Spalt kam Licht von mehreren Stellen auf den Platz der schmalen dunklen Linien und verwischte sie immer mehr.
„Vielleicht entstehen die Linien erst im Apparat selbst oder an den Rändern des Spalts im Fenster. Woher weißt du, dass das wirklich Linien im Sonnenlicht sind?"
„Pass auf, dass du nicht von der Inquisition verbrannt wirst", meinte scherzhaft ein anderer: „Nach den Sonnenflecken nun auch schwarze Linien! Die Sonne ist doch hell und leuchtend und edel wie der Himmel, ein für alle Mal!"
„Der Spalt muss in der Tat noch weiter untersucht werden. Der Apparat aber kann die Linien nicht erzeugen", konnte Fraunhofer sofort sagen. „Meine sechs Lampen mit dem gleichen Apparat haben ja keine schwarzen Linien gezeigt. Ich will diese Frage trotzdem weiterprüfen. Vielleicht gibt es bei der Stärke des Sonnenlichts eine unbekannte Wechselwirkung mit dem Apparat." Fraunhofer war also sehr, sehr vorsichtig.

„Vielleicht ist astronomisches Licht etwas ganz anderes als künstliches Licht", sagte ein anderer.

„Und wennschon! Wichtig für mich wäre nur, dass im Sonnenlicht immer die gleichen Linien sind. Dann habe ich die besten Messmarken aller Zeiten. Ich kann damit allerkleinste Brechungsunterschiede in Glaslinsen nachweisen. Erst wenn die zwei D-Linien im Gelben genau an der gleichen Stelle bleiben, ganz gleich welche Glasstücke ich nehme, erst dann kann ich sagen: Gelbes Licht wird in diesen Glasstücken exakt gleich gebrochen."

Doch Fraunhofer begnügte sich damit nicht. Er war noch neugieriger und sorgfältiger. Er untersuchte alle möglichen Lichtquellen und Kombinationen von Lichtbündeln mithilfe seines Spektralapparates. So nennen wir seine Anordnung heute.

Er fand helle glänzende Linien im elektrischen Funkenlicht und zeigte, dass die gelbe Linie aus normalem Kerzenlicht auch in zwei Teillinien zerfällt – genau entsprechend den zwei dunklen Linien in der Sonne. Das war sehr seltsam und unerklärlich. Er untersuchte sogar das Venuslicht. Venus war zwar der absolut hellste Stern am Himmel, aber doch furchtbar schwach, selbst im Vergleich zu seinem Lampenlicht. Er fand, soweit er überhaupt Linien sehen konnte, die gleichen wie in der Sonne. Er wagte sich auch an Fixsterne heran, die ja noch schwächer leuchten – an andere Sonnen also weit außerhalb unseres Planetensystems. Sirius zum Beispiel ist der hellste

---

9 *FORSCHE SELBST! Auf Seite 101.*

Fixstern an unserem Himmel überhaupt. Und was sah der wissensdurstige Fraunhofer?

Ja, auch ein paar schwarze Linien – eher Streifen. Das Licht war zu schwach, um ganz scharfe Farbaufspaltung zu geben. Aber da war ein wesentlicher Unterschied zum Sonnenlicht! Diese Streifen waren an ganz anderer Stelle als die schwarzen Linien der Sonne und schienen auch bei verschiedenen Fixsternen unterschiedlich angeordnet. Das solle doch, schrieb er 1817, ein „Naturforscher" weiter untersuchen. Er hätte nun leider für solches In-die-Sterne-Schweifen zu wenig Zeit. Fernrohre und andere Instrumente bauen und das Glas dazu verbessern, das sei schließlich seine Aufgabe.

Schwarze Linien im Sonnenspektrum
Mit dieser Entdeckung legte Fraunhofer tatsächlich den Grundstein für eine neue Forschungsrichtung, die Astrophysik. Später konnte man die schwarzen Linien genauer darstellen, sieh Dir dazu die *Abbildung auf der Klappe* hinten an.

16 Stunden pro Tag hat Fraunhofer wahrscheinlich gearbeitet; also doch kein Aufstieg gegenüber Meister Weichselbergers Lehrlingsdrill? Er tat es nun jedoch freiwillig und verzichtete sogar auf die Verfolgung solch großartiger Entdeckungen, weil er Instrumente bauen wollte.

Kurz vor seinem Tod allerdings wollte er seinen gesamten Firmenanteil an den bayerischen Staat verkaufen, um doch

Zeit für Forschung zu bekommen. Wenn er das erlebt hätte, sicher hätte er das Geheimnis der schwarzen Linien in einigen Jahren aufgeklärt, so begabt, wie er war. Fraunhofer aber starb bereits mit 39 Jahren – berühmt, Professor, Doktor ehrenhalber, geadelt. Doch er war ausgezehrt, wahrscheinlich durch die ungesunden Arbeitsverhältnisse der Glashütte, und damit ein leichtes Opfer der Lungenschwindsucht, der Tuberkulose, einer der schrecklichsten Krankheiten im 19. Jahrhundert.

Ohne ihn dauerte es noch mehr als 40 Jahre, bis man herausfand, was diese schwarzen Linien im Sonnenlicht wirklich waren. Mithilfe dieser Linien konnte man bald Physik und Chemie auf fernen Sternen betreiben, ohne je dort gewesen zu sein. 40 Jahre nach Fraunhofer wurde der Himmel zum Weltraumlabor – und nicht erst mit unseren Raketen und Weltraumstationen!

Die Fraunhoferlinien und das Weltall

Zwei andere deutsche Forscher, der Chemiker Bunsen* und der Physiker Kirchhoff wiesen 1859 nach: Fraunhofersche Linien sind eine Art Morsealphabet der Sonne. Die Linien sagen uns, welche Stoffe in der Sonnenatmosphäre vorhanden sind. Die zwei D-Linien von Fraunhofer zum Beispiel entsprechen dem Stoff Natrium. Die hellen gelben Linien im Feuer und im Kerzenlicht sind an der gleichen Stelle wie die D-Linien der Sonne, weil auch hier immer Natrium vorhanden ist. Natrium ist zum Beispiel Bestandteil unseres Kochsalzes und Kochsalz brennt ganz überdeutlich gelb mit diesen D-Linien, wenn man es im Spektralfernrohr betrachtet.

Aber warum gibt es auf der Sonne nur dunkle Linien?

Man kann die Farben der Flamme, die beim Verbrennen von Kochsalz entstehen, mithilfe eines Glasprismas aufspalten. Dabei erzeugt das Natrium zwei helle gelbe Linien dicht nebeneinander.

Das gleißend helle Licht aus dem Atomfeuer der Sonne wird beim Durchgang durch die obere, nicht so heiße Sonnenatmosphäre zum Teil verschluckt (man bezeichnet dies als *Absorption*). Die Natriumatome verschlucken aus dem Licht genau die schmalen Farblinien, die sie beim Leuchten auf der Erde hell ausstrahlen (das heißt wissenschaftlich *Emission*). Andere Stoffe in der Sonnenchromosphäre verschlucken genau andere Lichtteile. Wir können also aus den Fraunhoferlinien alle Elemente dieses Teils der Sonnenatmosphäre erkennen. Wir müssen sie nur mit bekannten hellen Linien (Emissionslinien) auf der Erde vergleichen.

Mit noch besseren Fernrohren und Spektralapparaten untersuchte man ab 1880 auch die Milliarden Fixsterne. Dort sind Milliarden Mischungen chemischer Substanzen, die man im Labor mühsam mischen und kochen müsste, schon da – in all den unterschiedlichen Sonnen im Weltall!

Fraunhofers Linien erwiesen sich auch für die Chemie als genauestes Messverfahren. Kleinste Spuren von Natrium etwa reichen schon aus, um Emissionslinien zu erzeugen. Also kann man allerkleinste Verunreinigungen nachweisen – etwa in unserer Atemluft.

FORSCHE SELBST!
Mit Lichtstrahlen kann man wirklich nach Herzenslust experimentieren. Nutze es aus.

Lichtzerlegung

Mit einer Lupe kann man das Licht einer Taschenlampe zu einem kleinen Fleck bündeln. Halte nun ein Stück Papier sehr schräg in den Strahlenverlauf bis zu diesem kleinen Fleck. Dann siehst Du deutlich, dass dieser gar nicht genau an einer Stelle sitzt: Näher an der Lupe sieht man auf dem schrägen Schirm einen blauen Schimmer, ein Stückchen weiter weg erst Gelb und dann Rot. Mit einem Strahl Sonnenlicht kann man solch ein Experiment natürlich auch machen.

Fraunhofer-Ausstellung in München

Im *Deutschen Museum* in München gibt es eine eigene Fraunhofer-Ausstellung. Dort kann man beispielsweise die große Linse für das Teleskop in Dorpat bewundern oder das vollständige Fernrohr aus seiner Werkstatt, mit dem 1846 der Planet Neptun entdeckt wurde. Auch in der Ausstellung Astronomie findest Du etwas zu Fraunhofer. Und wenn die Sonne scheint, wird dort ihr Licht in ein breites Spektrum aufgespalten. Du siehst dann „live" viele der schwarzen Fraunhoferlinien.

Mit diesem Fernrohr von Fraunhofer wurde 1846 der Planet Neptun entdeckt. Es steht im Deutschen Museum in München.

5. Wilhelm Conrad Röntgen und seine X-Strahlen

Die Wissenschaft kann alles durchleuchten

Kann man ein großer Forscher werden, auch wenn man von der Schule verwiesen wurde? Wegen eines dummen Schulstreiches! Auch wenn man danach keine Gelegenheit mehr bekommt, die Schule abzuschließen? Das wäre heute wohl nicht mehr so einfach möglich. Aber vor 150 Jahren ging das noch.

Der Schüler Wilhelm Conrad Röntgen* musste im Frühjahr 1863 mit 18 Jahren die technische Schule in Utrecht, Holland, ohne Abschluss verlassen. Röntgen war Deutscher, in Lennep geboren. Seine Eltern waren aber drei Jahre nach seiner Geburt nach Holland ausgewandert. Wir wissen nicht, was genau er in der Schule angestellt hat, er hatte wohl schon seit Eintritt ein Jahr zuvor öfters die Lehrer geärgert. Vielleicht wurde ein Pauker auf einem Ofenschirm im Klassenzimmer als Strichmännchen karikiert. Vielleicht hat sich Röntgen auch nur heftig geweigert, die wahren Missetäter preiszugeben. Also musste er privat Lateinisch und Griechisch büffeln, um die Aufnahmeprüfung für die Utrechter Universität zu bestehen. Doch er fiel durch, im Januar 1865. Zwar hörte er, unerlaubt sozusagen und ohne Aussicht, ein Examen machen zu dürfen, einige Vorlesungen, denn er wollte unbedingt Naturwissenschaften studieren. Doch dann fand er eine elegante Lösung der peinlichen Situation: In Zürich, in der Schweiz, verlangte die neue Technische Hochschule, das „Eidgenössische Polytechnikum" kein Abitur und keine muffigen alten Sprachen für die Aufnahme. Er musste noch nicht einmal eine Prüfung bestehen! Seine sehr guten Noten in den mathematischen Fächern der alten Schule und seine selbstständigen Vorlesungen an der Universität Utrecht wurden ihm angerechnet.

Nun ließ Röntgen seinen Kopf über technischer Physik und Dampfmaschinen heiß laufen. Auch hier zeigte er sich mitunter aufsässig. Sein Mathematikprofessor soll ihn zornig beschimpft haben: „Mein lieber Röntgen, wenn Sie so weitermachen, wird nicht viel aus Ihnen."

Und ausgerechnet dieser aufsässige Student entdeckte die geheimnisvollsten Strahlen, die man sich denken konnte. Aber noch war es nicht so weit. Röntgen erhielt auch an der Universität blendende Noten – vielleicht traute er sich auch deshalb manche Aufsässigkeit zu – und wurde schließlich diplomierter Maschineningenieur. Doch dann schwenkte er um. Ein Physikprofessor hatte ihn begeistert. Röntgen begann, sich statt für Dampf nur noch für Gase zu interessieren. Darüber schrieb er seine Doktorarbeit. Er träumte bald von einer Karriere als Wissenschaftler an einer Universität in Deutschland. Aber leider, leider, hatte er weder das Abitur noch einen Abschluss in alten Sprachen. Und das war in Deutschland damals noch wesentlich, auch um Professor zu werden.

Doch halt, es gab eine Ausnahme. In Straßburg war nach dem Sieg Deutschlands über Frankreich im deutsch-französischen Krieg, (Gott sei Dank ist das längst Vergangenheit) 1872 eine neue deutsche Universität gegründet worden. Das Elsass gehörte nun zu Deutschland. Hier konnte man die Voraussetzung für eine Professur, die sogenannte Habilitation, auch ohne Griechisch und Latein erwerben. Und Röntgen hielt zäh an seinem Plan fest. Er experimentierte über Gase, Elektrizität und Licht. (1872 hatte er übrigens auch geheiratet.)

Schließlich und endlich wurde er im Jahr 1888 doch Professor, und zwar in Würzburg. Er experimentierte weiter über die Theorie der Elektrizität. Doch auch Flüssigkeiten interessierten ihn und dann auch Kristalle: Druck auf sie, Licht hinein, Elektrizität kam raus. Zum Beispiel beim Bergkristall und Diamanten. Wie kam er nun von Kristallen zu unsichtbaren Strahlen?

Lichtströme in Glasröhren

Einige Jahre zuvor, 1857, hatte man gelernt, Glasröhren für Experimente schön luftleer zu pumpen, mindestens 100-mal besser als je zuvor. Das ging nicht mehr mit alten Vakuumpumpen. Sie waren nur so eine Art umgedrehter Fahrradluftpumpe gewesen: ein Metallkolben, mit Leder abgedichtet, wurde in einem Zylinder hin- und hergeschoben. Das ergab höchstens ein Dreihundertstel des normalen Luftdrucks. Klingt eigentlich schon ganz gut. Aber jetzt ging es noch viel besser: In einer Glasröhre wurde Quecksilber hin- und herbewegt. Dieses flüssige Metall dichtet viel besser ab als Leder. Und damit konnten kleine Glaszylinder eben noch weiter ausgepumpt werden (Abbildung s. Seite 106). An ihren beiden Enden war je ein Metalldraht eingeschmolzen und ragte ins Innere. Verband man die beiden Drähte mit einer Hochspannungsquelle von etwa ein paar Tausend Volt – einen „Ruhmkorff" nannte man das damals –, so leuchtete der dünne Gasrest in den Glaszylindern wunderbar, manchmal bunt und mit wandernden Farbringen.

Je mehr man nun pumpte, umso weniger Leuchten blieb übrig. Immer weniger! Und als das wunderschöne Leuchten verschwunden war, fanden die Physiker etwas Mysteriöses: Von dem einen Draht im Glaszylinder, der mit dem Minuspol der

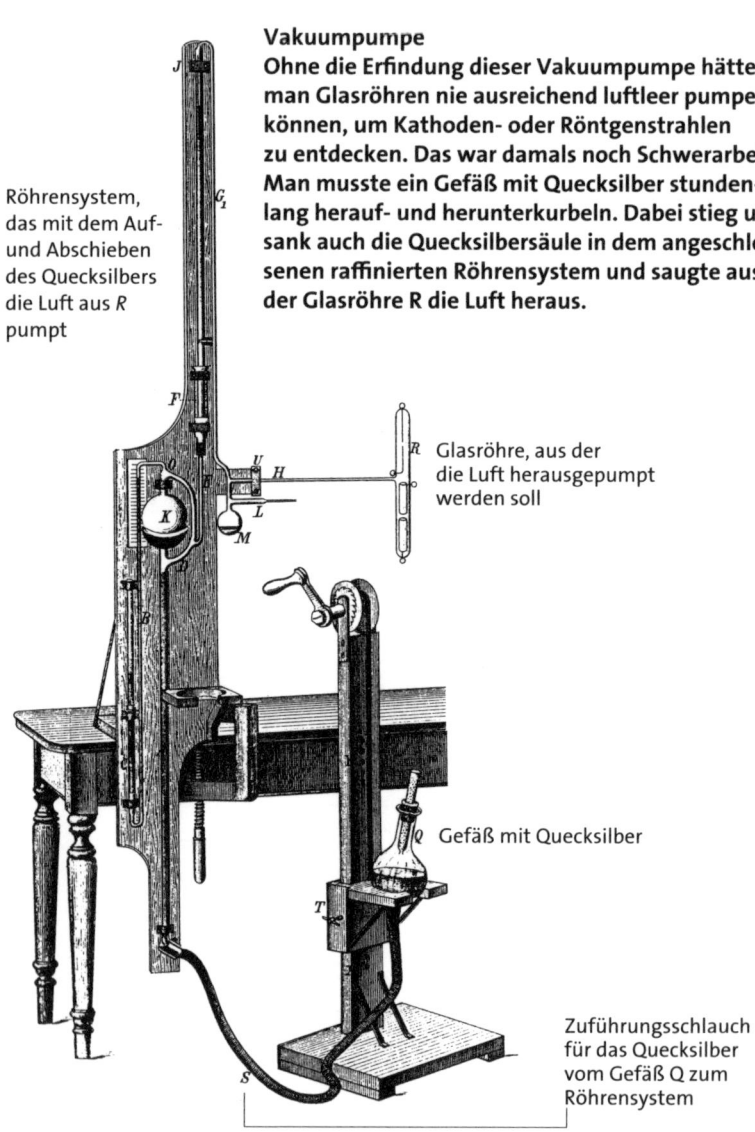

Vakuumpumpe

Ohne die Erfindung dieser Vakuumpumpe hätte man Glasröhren nie ausreichend luftleer pumpen können, um Kathoden- oder Röntgenstrahlen zu entdecken. Das war damals noch Schwerarbeit! Man musste ein Gefäß mit Quecksilber stundenlang herauf- und herunterkurbeln. Dabei stieg und sank auch die Quecksilbersäule in dem angeschlossenen raffinierten Röhrensystem und saugte aus der Glasröhre R die Luft heraus.

Röhrensystem, das mit dem Auf- und Abschieben des Quecksilbers die Luft aus R pumpt

R Glasröhre, aus der die Luft herausgepumpt werden soll

Q Gefäß mit Quecksilber

Zuführungsschlauch für das Quecksilber vom Gefäß Q zum Röhrensystem

Spannungsquelle verbunden war, gingen durch die ganze Glasröhre hindurch dünne „Lichtströme". Diese dünnen Lichtströme in der Glasröhre, auch „Glimmlichtstrahlen" genannt, taufte man schließlich Kathodenstrahlen, nach dem Minuspol, der auch Kathode hieß. Diese Strahlen liefen ganz geradlinig und senkrecht aus der Kathode heraus. Hielt man einen Magneten an den Glaszylinder, wurden sie abgelenkt. Und wenn sie auf die Glaswand auftrafen, dann leuchtete dort das Glas heftig auf. Diesen Effekt nennt man *Fluoreszenz*.

Niemand ahnte damals, dass aus diesen Strahlen die ersten Fernsehapparate entstehen sollten: Kathodenstrahlen trafen dort aus dem Inneren einer Röhre auf den Bildschirm und malten Bilder oder Filme. Heute ist das schon wieder Vergangenheit, moderne LCD-Fernseher sind flach. Die großen Leuchtröhren aus Glas gibt es nicht mehr.

Doch zurück zu diesen leuchtenden Glasröhren. 1892 bastelte der Physiker Philipp Lenard ein dünnes Fensterchen für die Kathodenstrahlen. Statt auf Glas trafen sie nun an dieser Stelle auf Alufolie, nur etwa 2/100 mm dick. Die Öffnung im Glas, auf die es geklebt wurde, war nur etwa 2 mm groß. Und das, was Herr Lenard erhofft hatte, passierte tatsächlich: Die Strahlen schossen durch das dünne Aluminiumfensterchen aus der Glasröhre in das Labor hinaus und leuchteten 5 cm weit bläulich in die Zimmerluft. Das faszinierte auch Röntgen.

Was Lenard nicht wusste und was ganz schön gefährlich war – schon dabei entstanden die unsichtbaren Strahlen, die Wilhelm Conrad Röntgen erst drei Jahre später entdeckte.

Was waren nun diese Kathodenstrahlen? Das wurde jahrelang heftig diskutiert. Erst unmittelbar nach Röntgens Entdeckung seiner unsichtbaren X-Strahlen kam heraus: Es waren Elektronen*, also Teilchen, die 2.000-mal kleiner als Atome sind. So kurz nach 1890 allerdings traute sich noch niemand, an so etwas zu denken. Atome, das sagte schon der griechische Name: „unteilbar", waren doch eindeutig die kleinsten Teile der Materie. Wie konnte es etwas noch Kleineres geben?

Die englischen Physiker glaubten an größere Teilchen als Atome, die deutschen an Wellen wie Licht oder wie die gerade von Heinrich Hertz entdeckten unsichtbaren Wellen, die von elektrischen Funken ausgehen. (Wir nennen sie heute Radiowellen.) Das waren nun alles elektromagnetische Wellen. Und Röntgen hatte sich mit elektromagnetischen Experimenten und Theorien schon einige Zeit abgerackert, Wellen waren ihm also ein echtes Anliegen.

Vielleicht also waren diese Kathodenstrahlen in der freien Luft draußen auch elektromagnetische Wellen? Das fand Röntgen wichtig. So schrieb er es auch 1894 an Lenard. Vielleicht dachte er, dass diese Strahlen für die Theorie der Elektrizität wichtig seien.

Die Entdeckung

Erst ab Oktober 1895 kam Röntgen zu intensivem Forschen. Vorher war er Rektor der Universität Würzburg und musste Reden halten, verwalten und hatte kaum Zeit für anderes. Ende Oktober kamen die entscheidenden Stunden. Was da genau in seinem Arbeitszimmer passierte, wissen wir nicht. Röntgen hat es nie verraten, nur den Zeitpunkt der Entdeckung, den 8. November 1895. Und bescheiden und unwirsch fügte er hinzu: „Alles war reiner Zufall."
Er zog sich wochenlang zurück. Seine Frau musste ihm das Essen in das Arbeitszimmer schieben. Selbst sein Bett stellte er dort auf. Er wusste wohl, er jagte einem spannenden Geheimnis hinterher.
Wahrscheinlich experimentierte er mit einer Röhre von Lenard. Er legte die Hochspannung an und deckte die leuchtende Glasröhre mit schwarzem Karton zu. Warum? Er wollte wohl die Kathodenstrahlen, die in die Luft hinaustraten, genauer untersuchen. Dabei störte eventuelles Licht aus der Glasröhre.

Wilhelm Conrad Röntgen (1845–1923) erhielt im Jahre 1901 für seine Entdeckung der „X-Strahlen" den ersten Nobelpreis für Physik. (Aufnahme um 1896)

Und nun kam wohl der Zufall zu Hilfe. Ein paar Kristallkörnchen von *Bariumplatincyanür* lagen auf dem Tisch herum. Das klingt wie ein Hustenmittel, war aber eine Substanz, die fluoreszieren konnte, wenn Licht auf sie fiel. Vielleicht hatte Röntgen sie zunächst auch direkt in die Kathodenstrahlen gehalten, um ihr kräftiges Leuchten zu beobachten. Nun aber, beiseitegelegt auf dem Tisch, leuchteten sie immer noch! Und zwar neben der mit Karton abgedeckten Glasröhre, weit weg von dem kleinen Alufensterchen, aus dem die Kathodenstrahlen herausschossen. Sehr seltsam! Wie konnte durch den schwarzen Karton irgendetwas zu diesen Kristallkörnchen gelangen? Gab es unsichtbare Strahlen?

Röntgen probierte auch andere Glasröhren aus. Genau das gleiche geheimnisvolle Leuchten. Nun bestrich er ein Papier, als Bildschirm, mit diesem fluoreszierenden Bariumplatindingsda. Lenard und andere, die mit Kathodenstrahlen herumgespielt hatten und längst solche unsichtbaren Strahlen erzeugt hatten, hatten nichts davon gemerkt, weil ihre Substanzen und Schirme leider nicht fluoreszierten – im Gegensatz

A Leitungsdraht vom Transformator zur Glasröhre
B Kathodenstrahlen
C Kristallkörnchen

zu diesem zauberhaften Bariumplatindingsda. Lenard hat sich später sehr darüber geärgert!

In seiner berühmten ersten Veröffentlichung vom 28. Dezember 1895 schrieb Röntgen – erst als er alles, wirklich alles, in seinem von der Welt abgeschlossenen Labor untersucht hatte:

„Lässt man durch eine hittorfsche Vakuumröhre oder einen genügend evakuierten lenardschen … Apparat die Entladung eines größeren Ruhmkorffs gehen, bedeckt die Röhre mit einem ziemlich eng anliegenden Mantel aus dünnem schwarzem Karton, so sieht man in dem vollständig verdunkelten Zimmer einen in die Nähe des Apparates gebrachten, mit Bariumplatincyanür angestrichenen Papierschirm bei jeder Entladung hell aufleuchten, fluoreszieren; gleichgültig, ob die angestrichene oder die andere Seite des Schirmes dem Entladungsapparat zugewendet ist. Die Fluoreszenz ist noch in zwei Meter Entfernung vom Apparat bemerkbar. Man überzeugt sich leicht, dass die Ursache der Fluoreszenz vom Entladungsapparat und von keiner anderen Stelle der Leitung ausgeht.

Das an dieser Erscheinung zunächst Auffallende ist, dass durch die schwarze Kartonhülse, welche keine sichtbaren oder ultravioletten Strahlen des Sonnen- oder des elektrischen Bogenlichtes durchlässt, ein Agens hindurchgeht, das imstande ist, lebhafte Fluoreszenz zu erzeugen, und man wird des-

halb wohl zuerst untersuchen, ob auch andere Körper diese Eigenschaft besitzen. Man findet bald, dass alle Körper für dasselbe durchlässig sind, aber in sehr verschiedenem Grade ..."

In der Tat hatte Röntgen alle möglichen Materialien auf Durchlässigkeit für dieses „Agens" (so nannte er das, was da unsichtbar vor sich ging – von lateinisch „das Tuende") untersucht. Blei schirmte zum Beispiel sehr gut ab. Aber durch einen Holzkasten konnte er hindurchsehen und alles im Inneren erkennen. In einem Metallstück sah er sogar Schwachstellen, die im Inneren verborgen waren. Und von der eigenen Hand erkannte er die Knochen!

Die Strahlen wurden im Allgemeinen umso stärker verschluckt, je dichter ein Material war – je spezifisch schwerer es also ist, wie Blei etwa – und je dicker man es machte. Er konnte mit Röntgenstrahlen sogar Aufnahmen auf Fotoplatten machen, durch die Kartonabdeckung hindurch. Die Strahlen wirkten also chemisch, sie schwärzten die Fotoschicht. Sie ließen sich aber nicht, wie Lichtstrahlen durch Glaslinsen, etwa durch Brenngläser, von ihrer Ausbreitungsrichtung weg- „brechen". Man konnte sie auch nicht magnetisch ablenken, wie das bei den Kathodenstrahlen möglich war. Sie kamen auf jeden Fall von der Stelle der Entladungsröhre, die am hellsten fluoreszierte.

Vielleicht war der Zufall bei Röntgens Entdeckung doch nicht so wesentlich!? Lenard hatte geschrieben, dass auch Glashäutchen von 1/55 mm Dicke die Kathodenstrahlen durchließen. Es war übrigens gar nicht klar, ob das, was aus dem Alufensterchen in die Luft schoss, wirklich eindeutig Kathodenstrahlen aus dem Röhreninneren waren. Vielleicht waren sie in dem Fensterchen, Abrakadabra, in andere umgewandelt worden! Manche nannten die Strahlen außerhalb des Fensterchens deshalb Lenardstrahlen. Vielleicht wollte Röntgen untersuchen, ob solche Kathoden- oder Lenardstrahlen auch das dicke Glas durchdrangen. Und hielt daher seine Bariumdingsda-Kristalle an verschiedene Stellen der Röhre – noch bevor er sie mit Karton abdunkelte?

In der Tat, die Kristalle, wie wir schon wissen, leuchteten auch seitlich der Röhre. Danach war es nur noch ein Schritt für Röntgen Folgendes herauszufinden:

1. Stärkstes Glasleuchten bringt am meisten Bariumdingsda-Fluoreszieren.
2. Mal sehen, ob Karton oder sonst etwas dieses Schirmleuchten auslöscht. Karton nicht, aber sonst etwas tat es, zum Beispiel Blei.

Eine ganz neue Art von Strahlen war entdeckt!

Mit X-Strahlen ins Innere von Körpern sehen

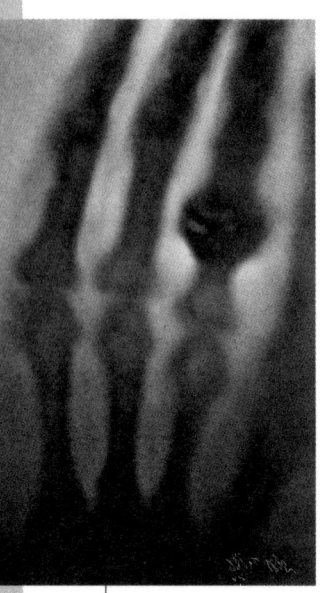

Natürlich waren alle Menschen sofort fasziniert von diesen Strahlen. Zum ersten Mal hatte der Mensch Zauberaugen wie im Märchen. Er konnte ins Innere undurchsichtiger Körper schauen. Und bald konnte man mit Röntgentechnik mehr Geld verdienen als mit Röntgenwissenschaft. Fasziniert – und verstört – war man übrigens besonders von den scheinbar schwebenden Eheringen um Knochenfinger. Viele hatten sogar richtige Angst: Konnten Röntgenstrahlen vielleicht auch durch Hauswände hindurchschauen oder Menschen unerlaubt durchleuchten? In Wien verbot die Polizei sogar öffentliche Vorträge über die Röntgenstrahlen.

Röntgen hat wirklich alles Mögliche untersucht. Zehn Jahre lang kam eigentlich nichts Neues an Physik über die Strahlen dazu. Übrigens nannte Röntgen sie X-Strahlen. So heißen sie außerhalb Deutschlands heute noch, auf Englisch etwa *X-Rays*. Bei seinem einzigen öffentlichen Vortrag im Januar 1896 schlug man aber vor, sie zu seinen Ehren Röntgenstrahlen zu nennen. Und so ist es in Deutschland geblieben.

Die Hand von Frau Röntgen, aufgenommen am 22. Dezember 1895. Der Ehering um einen Finger ist deutlich zu sehen.

Für die Medizin allerdings war klar: Man hatte neue fantastische Möglichkeiten, den menschlichen Körper zu studieren, zum Beispiel, um Knochenbrüche zu untersuchen. Die musste man bisher, äußerst schmerzhaft für die armen Patienten, betasten und bedrücken. Oder auch bei Schussverletzungen: Wo war die Kugel? Und so fort. Sobald die Röntgenröhren von den Technikern verbessert worden waren, sah man auch verkalkte Arterien, Gallen- und Nierensteine.

So sah man schließlich auch innere Organe des Menschen. Sie unterscheiden sich allerdings im Röntgenbild kaum voneinander. Wie konnte man sie also sichtbarer machen gegenüber den umgebenden Gewebeteilen? Ab 1904 entdeckte man Substanzen, die der Patient schluckte oder eingespritzt bekam: Sie heißen Kontrastmittel, weil sie den Bildern einen besseren Kontrast geben. Sie verschlucken sozusagen die Röntgenstrahlen stärker als die Umgebung das tut, weil sie spezifisch schwerer sind, das heißt ein größeres Atomgewicht haben. Bestimmte Organe reichern diese Kontrastmittel stärker an als andere und werden dadurch besser sichtbar.

Man sah übrigens bald, dass man mit Röntgenstrahlen nicht nur erkennen kann, sondern auch behandeln, zum Beispiel Hautkrebs oder sonstige Geschwüre. Doch kaum einer kümmerte sich darum, dass auch gesundes Gewebe schwer geschädigt werden konnte. Die Röntgenstrahlen waren wirklich problematisch. Wer weiß, wie viele Patienten durch die Be-

strahlung etwa schwere Krebskrankheiten überhaupt erst bekamen: eine Stunde Belichtungszeit, kein Strahlenschutz – das war normal. Der erste Vorsitzende der Deutschen Röntgengesellschaft, ein gewisser Dr. Albers-Schönberg, war der erste Medizinprofessor für Röntgenologie in Deutschland. Er hatte zum Beispiel über zehn Jahre lang mit Röntgenröhren hantiert, ohne Schutz gegen die Strahlen. Dann fing es mit einem Krebsgeschwür am Mittelfinger an, dieser wurde amputiert, zwei Jahre später der Arm. Nochmals vier Jahre später war auch in den Achseln Krebs, nochmals sieben Jahre später, 1921, starb er. In den 1930er-Jahren machte man mit starken Röntgenröhren sogar Filmaufnahmen von lebenden Menschen. Da sieht man wirklich Sensenmann und Sensenfrau wandeln und Wein trinken. Diese Filme gibt es heute noch. Die damaligen „Opfer" haben das wohl nicht sehr lange überlebt. Und noch in den 1950er-Jahren konnte man in jedem Schuhgeschäft seinen Fuß in ein Röntgengerät stecken, um zu sehen, ob der Schuh passte. Heute gibt es andere, ungefährlichere Durchleuchtungsmethoden, zum Beispiel die Magnetresonanztomografie*.
Ungefährlicher waren die Strahlen bei einer anderen neuen Anwendung, der Materialprüfung. War etwa eine Schweißnaht zwischen zwei Blechen nicht gut gearbeitet, konnte man Luftblasen im Röntgenbild erkennen. Das prüfte schon Röntgen bei seinem Jagdgewehr! Heute ist das etwa im Flugzeugbau zur Prüfung von Bauteilen lebenswichtig für die Passagiere.

Und was sind eigentlich X-Strahlen?

Ein großes wissenschaftliches Problem hat Röntgen nicht klären können: Was sind eigentlich X-Strahlen? Diese Nuss hat man erst 1912 geknackt. Es sind ganz stinknormale elektromagnetische Wellen, nicht *longitudinale*, wie Röntgen glaubte, sondern *transversale* (also Quer-)Wellen, wie Radio- und Lichtwellen, nur mit viel, viel kürzeren Wellenlängen. Also nicht kilometer- bis zentimeterlang wie Radiowellen, auch nicht ein paar zehntausendstel Millimeter kurz wie Lichtwellen, sondern nochmals zehntausendmal kleiner, nur ein paar Hundertmillionstel Millimeter winzig.

Wie kann man Längswellen und Querwellen unterscheiden?
Bei *longitudinal*, also längs, stößt alles in Richtung der Welle: Wenn man eine Kartenreihe anstößt, geht der Stoß längs durch alle Karten, alle fallen um. Wenn wir aber auf ein gespanntes Seil von oben draufschlagen, läuft ein Querbuckel über das Seil, das nennt man *transversal*, also quer. Wie bei Wasserwellen an der Oberfläche eines Teiches.

Wie fand man nun heraus, dass X-Strahlen Wellen sind? Drei Physiker, Friedrich, Knipping, von Laue, so hießen die Forscher, schossen 1912 in München Röntgenstrahlen auf Kristalle und stellten hinter den Kristall eine Fotoplatte. Und was sahen sie? *Interferenzen!*

10 *FORSCHE SELBST! Auf Seite 121.*

Interferenz heißt Vermischung von Wellen. Wenn Wellen aufeinandertreffen, können sie sich verstärken, dann trifft Berg auf Berg und Tal auf Tal. Es entsteht ein doppelt so hoher Berg und ein doppelt so tiefes Tal. Doch Wellen können sich auch vernichten. Aus Wasserberg plus Wassertal kann spiegelglattes Meer entstehen, aus Lichtberg plus Lichttal kann Dunkelheit werden. Wenn Berg auf Tal trifft, dann wird das Tal vom Berg gedübelt.

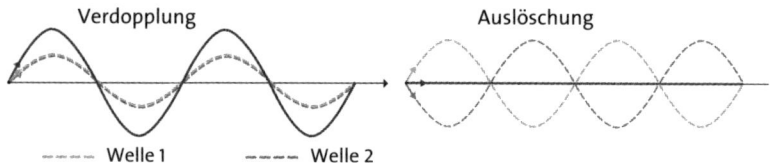

Experiment

Haltet zu zweit ein gespanntes Seil, an jedem Ende einer, links und rechts. Einer von euch schwingt einen Querbuckel nach oben und lässt ihn über das Seil laufen, der andere macht einen Talbuckel, der wandert entgegengesetzt. Wenn beide sich treffen, dann ergibt das – null.

Röntgenstrahlen, die auf ein Stück Kristall fallen, wandern durch das Kristallstück hindurch. Doch ein wesentlicher Teil wird durch die Atome des Kristalls abgelenkt. Denn der Kristall ist nicht dicht und unregelmäßig durcheinandergepackt mit Atomen, wie vielleicht ein Korb mit Apfelsinen. Die Atome sitzen äußerst regelmäßig nebeneinander, hintereinander und übereinander, wie Ziegel in einem Mauerwerk – allerdings mit Abständen voneinander. Und zwar mit ganz winzigen Abständen von etwa einem Zehnmillionstel Millimeter!

Das heißt also, es kommt die erste Atomschicht, dann nach einem Zehnmillionstel Millimeter die zweite Atomschicht usw. Und dazwischen treffen einige abgelenkte Röntgenstrahlen andere abgelenkte, deren Weg durch den Kristall ein wenig länger gewesen ist. Wenn das genau ein Berg oder ein Tal Unterschied ist, dann löschen sie sich aus. Wenn nicht, können sie sich auch verstärken.

Die drei Physiker bekamen also hinter dem Kristall, auf ihrem Foto, ein Muster aus hellen Punkten. Das zeigte erstens, dass und wie der Kristall regelmäßig gebaut war. Und zweitens, dass Röntgenstrahlen Wellen sein müssen, sonst hätte es solche Interferenzen von hell und dunkel nicht gegeben. Und drittens: Die Wellenlänge der Röntgenstrahlen muss ungefähr so groß sein wie die Atomabstände, sonst hätte das mit dem regelmäßigen Wechsel von hell und dunkel ebenfalls nicht geklappt.

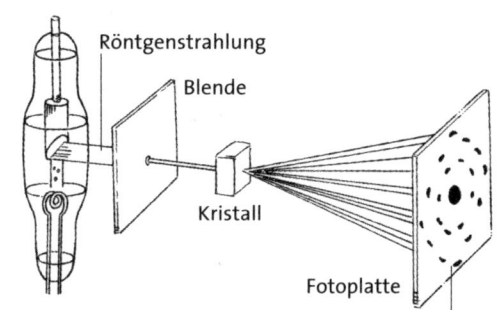

Man weiß also seit 1912, dass Röntgenstrahlen elektromagnetische Wellen sind. Und seit diesem Experiment kann man auch Kristalle untersuchen. 1953 hat man zum Beispiel mit Röntgenanalyse, Chemie und Biologie herausgefunden, wie die Erbanlagen in den Genen aufgebaut sind. Das war die Ent-

Die abgelenkten und teilweise ausgelöschten oder verstärkten Röntgenstrahlen sammeln sich in Punkten auf der Fotoplatte.

schlüsselung der Desoxyribonukleinsäure, kurz DNS. Der Biochemiker namens James D. Watson und der Physiker Thomas Crick waren die Tüchtigen und Glücklichen, die als Erste dieses Rätsel lösten.

Seit einigen Jahrzehnten gibt es sogar Röntgenfernrohre. Nicht, um auf der Erde herumzuschauen. Auch Sterne oder Sternexplosionen, wie Supernovä zum Beispiel (das sind große Sterne, die am Ende ihres Lebens auseinanderbrechen), senden Röntgenstrahlen aus. Gott sei Dank kommen die nicht durch unsere Atmosphäre hindurch. Die kilometerdicke Luftschicht um die Erde wirkt wie der Bleischutz um Röntgens Röhren. Mit Raketen kann man solche Spezialfernrohre hochschicken. Sie heißen nach einem deutschen Physiker Wolter-Teleskope. Solche Fernrohre funktionieren nicht mit Linsen. Die gibt es für Röntgenstrahlen nicht. Röntgenteleskope bestehen aus Hohlzylindern, in denen die einfallenden Röntgenstrahlen an unheimlich glatten Metallflächen reflektiert und auf einen Röntgenzähler gebündelt werden.
Man hat auf diese Weise schon über 100.000 Röntgensterne entdeckt. Und auch Gasstrudel, die von riesigen schwarzen Löchern im Zentrum von Galaxien eingesogen werden, senden Röntgenstrahlen – und Gammastrahlen – aus. Da erschloss sich wieder einmal ein ganz neuer Himmel für die ganz neuen Röntgenaugen des Menschen! Galilei wäre der Mund offen geblieben!

FORSCHE SELBST!

Röntgens Entdeckung war großartig, aber gefährlich. Zum ersten Mal kann ich Dir also keine Tipps zum Experimentieren geben. Moment, etwas geht doch, wenn auch mit Licht:

Interferenzfarben
Lichtstrahlen können sich ja wie Röntgenstrahlen gegenseitig verstärken oder auslöschen. Auf einer CD z. B. sieht man solche Interferenzfarben wunderbar. Sie entstehen, weil Licht an den sehr feinen Informations-„Hügelchen" auf der Platte abgebeugt wird und bestimmte Lichtfarben sich gegenseitig auslöschen. Also bleiben andere Lichtfarben sichtbar übrig. Spektralfolien, die tolle Experimente ähnlicher Art erlauben, gibt es zum Beispiel bei www.astromedia.de.

Museumstipp
Im *Deutschen Museum* in München gibt es in der Abteilung „Physik" auch etwas über Röntgenstrahlen. Da kannst Du sogar eine Geldbörse und einen toten Fisch durchleuchten. Auch viele Instrumente, mit denen Röntgen selbst herumexperimentiert hat, findest Du – sogar Röntgenbilder eines ganzen Menschen. Auch in der *Röntgen-Gedächtnisstätte* in Würzburg und im *Deutschen Röntgen-Museum* in Lennep bei Remscheid gibt es Spannendes über Röntgen zu sehen.

6. Otto Hahn, Lise Meitner und Fritz Straßmann spalten Uranatome

Energie aus einem Billionstel Millimeter

Im Jahr 1938 gelang einem Team von Wissenschaftlern eine großartige wissenschaftliche Leistung: die Spaltung von Uranatomen. Sie brachte uns, neben Atomkraftwerken, allerdings auch die fürchterliche Atombombe*. Wie wäre es, wenn wir uns mit den damaligen Forschern noch unterhalten könnten? Erfinden wir doch einfach ein Interview mit Lise Meitner*, der jüdischen Physikerin aus Österreich, die wesentlichen Anteil an der Entdeckung hatte.

„Sehr geehrte Frau Meitner, Sie haben 1938 mit entdeckt, dass man Atomkerne spalten kann und dabei Energie frei wird. Haben Sie denn bei Ihrer berühmten Entdeckung schon an die Nutzung dieser ‚Kernenergie' geglaubt?"

„Kein Mensch hat das vorhersehen können. Wo fange ich an, Ihnen aus der Vergangenheit zu erzählen? Doch bei den Atombomben, die unsere Erde so nahe an die Vernichtung gebracht haben? Oder bei den friedlichen Kernkraftwerken, die uns mit ihrem radioaktiven Müll und ihrer Explosionsgefahr auch gefährlich werden können? Ich will noch weiter zurückgreifen.

Man hatte schon im Jahr 1919 gelernt, Atomkerne zu verändern. Der alte Traum der Alchemisten und Zauberer, Stoffe beliebig zu verändern, aus unedlen Metallen Gold zu machen, wurde in diesem Jahr, unmittelbar nach dem schrecklichen Ersten Weltkrieg, Wirklichkeit. Leider bekam man kein Gold: Stickstoff aus unserer Luft, mit Heliumkernen beschossen, wurde in Sauerstoff und Wasserstoff verwandelt. Aus Stickluft wurden also die Grundbestandteile des Wassers gezaubert. Aus den leichteren Atomkernen des Stickstoffs waren schwerere Sauerstoffatome aufgebaut worden. Aber es hätte Tausende von Jahren gedauert, um mit diesem Beschuss einen einzigen Tropfen Wasser zu erzeugen!

Die Wissenschaft der winzigsten Mengen war übrigens nicht neu. Schon ab 1896 hatte man festgestellt, dass Mineralien eine unbekannte Strahlung aussandten. Verantwortlich waren oft nur klitzekleine Mengen bestimmter Substanzen in ihnen. Radium, genannt „das Strahlende", wurde die berühmteste Substanz. Man konnte es aus Tonnen von Uran in kleinsten Mengen gewinnen.

Was ist radioaktive Strahlung?

Diese Strahlung besteht aus drei verschiedenen Sorten. Man nennt sie *Alpha-, Beta- und Gammastrahlen*. Alphastrahlen sind Teilchen des Gases Helium, stellte man bald fest. Betastrahlen sind Elektronen und Gammastrahlen elektromagnetische Wellen wie das Licht oder wie die Röntgenstrahlen, aber offenbar noch sehr viel durchdringender als selbst die „härtesten" Röntgenstrahlen.

Die Atome, die diese Strahlungen aussenden, wandeln sich selbsttätig in neue um. Sie werden also durch diese „radioaktive" Strahlung, wie sie von den französischen Physikern Marie und Pierre Curie genannt wurde, in neue chemische Elemente umgewandelt. Man wusste nicht, wie gefährlich das alles war. Viele Wissenschaftler erkannten die Schäden an ihrem Körper zu spät und starben später einen qualvollen Tod aufgrund dieser radioaktiven Versuche. Marie Curie zum Beispiel gehörte dazu.

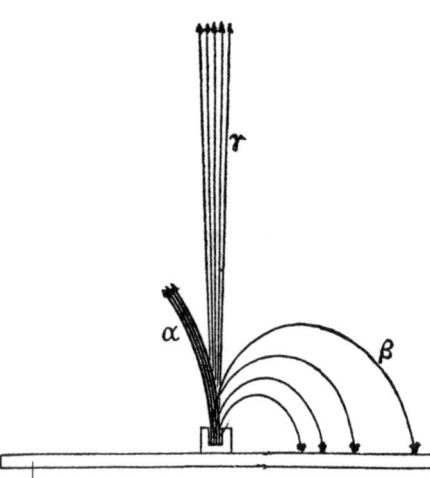

Schickt man radioaktive Strahlung durch ein starkes Magnetfeld, wird sie in drei Teile aufgespalten. Die Gamma(γ)-Strahlung wird überhaupt nicht abgelenkt.

„Frau Meitner, Sie waren ab 1926 erste Professorin für Physik in Deutschland – in Berlin. Und Sie leiteten sogar eine eigene Abteilung für Radioaktivität. Was wurde in dieser Zeit erforscht?"*

1932 war ein Wunderjahr in der Atomphysik. Es gab unglaubliche neue Entdeckungen. Bis zu diesem Jahr dachte man, Atomkerne seien Kugeln aus positiven Wasserstoffteilchen, genannt Protonen. Zusammengerührt mit – einer geringen Anzahl – Elektronen und etwas mehr als ein Billionstel Millimeter dick. Man stellte sich vor, dass um diesen Kern weitere negative Elektronen kreisen – wie ein Fliegenschwarm. 1932 entdeckte man aber ein neues schweres Teilchen neben dem positiven Proton: das nicht elektrische Neutron und dazu eine weitere kleine „Fliege": das positiv geladene Elektron, das Positron. Außerdem lernte man in demselben Jahr, Wasserstoff in ein doppelt so schweres Gas zu verwandeln, das *Deuterium*.
Und dann wurde der erste richtige Teilchenbeschleuniger, das Zyklotron, erfunden. Das ist eine Art Schleuder, die Atombausteine immer schneller im Kreise herumwirbelt, bis man sie als hoch energiegeladene Geschosse verwenden kann. Schließlich gelang damit die erste Atomkernumwandlung mit *künstlich* beschleunigten Wasserstoffkernen.

● Proton ● Neutron ● Elektron

Wasserstoff mit einem Neutron im Kern heißt schwerer Wasserstoff oder Deuterium.

125

Wie ist ein Atom aufgebaut?

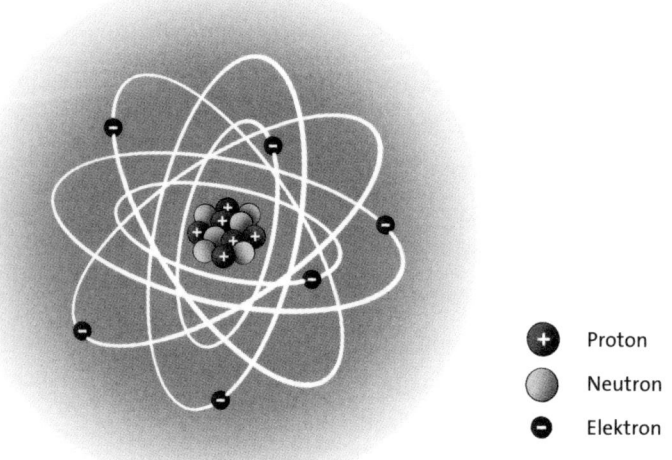

+ Proton
◯ Neutron
− Elektron

So kann man sich ein Atom, hier ein Kohlenstoffatom, modellhaft vorstellen. Das Neutron ist elektrisch neutral und hält die positiven Protonen zusammen. Neutronen und Protonen sind fast 2.000-mal schwerer als Elektronen.

Die Anzahl der Protonen im Kern (und dazu der „Fliegenschwarm" an Elektronen um den Kern herum) bestimmen die Eigenschaften jedes chemischen Elements: Wasserstoff, das leichteste Element, hat ein Proton und ein Elektron. Uran, das schwerste, besitzt 92 Protonen und 92 Elektronen. Es gibt also 92 verschiedene natürliche Elemente.

Die Elemente sind im Periodensystem schön sorgfältig von 1 bis 92 katalogisiert. Zählt man die vorhandenen Neutronen dazu, erhält man die sogenannte Massenzahl des Elements. Die sagt aus, wie schwer jedes Atom ist: Bei Uran gibt es insgesamt 238 „Nukleonen" im Kern, bei Wasserstoff nur eins, das Proton allein.

Doch bei schwerem Wasserstoff, dem Deuterium, paart sich ein Neutron mit dem Proton, die Massenzahl ist also zwei.

Chemisch betrachtet, tun ein paar Neutronen mehr oder weniger nicht viel zur Sache. Wasserstoff und Deuterium bleiben – fast – das gleiche Element, nur schwerer oder leichter. Solche Varianten nennt man *Isotope*.

Im heutigen natürlichen Uran etwa gibt es drei solcher Isotope. Uran mit 238 Nukleonen, mit 235 und mit 234. Fast alles Uran (genau 99,274 %) besteht aus Uran 238. Und doch ist das als letztes entdeckte Uran 235 sehr wichtig in der Kerntechnik geworden.

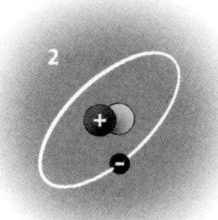

1 Wasserstoff, 2 Deuterium

„Sehr geehrte Frau Meitner, das Neutron war die wichtigste Entdeckung für Sie und Ihre Kollegen. Warum?"
Man konnte damit den Aufbau der Atomkerne befriedigend erklären – ein neuer großer Schritt für die Wissenschaft. Außerdem erhielt man mit dem Neutron ein ungeheuer mächtiges Geschoss, das leicht in die Eingeweide auch des dicksten Atomkerns eindringen konnte. Da es neutral ist, wird es von den anderen Kernen nicht abgestoßen.

Die Wissenschaftler waren begeistert, als der deutsche Forscher Werner Heisenberg und der Russe Dimitri Iwanenko 1932 eine neue Theorie des Atomkerns vorschlugen: nicht mehr Elektronen und Protonen sollten im Kern zusammengepackt sein, sondern nur noch Protonen, zusammen allerdings mit diesen gerade entdeckten Neutronen. Enrico Fermi in Rom wurde in den 1930er-Jahren weltweit **der** Spezialist für Neutronen. Er schoss mit diesen Teilchen im gesamten Periodensystem herum: Von Wasserstoff über Fluor und Silber bis zum Uran, fast überall erzeugte er radioaktive Strahlung.

Bei solchen Neutronensalven werden Elemente in andere umgewandelt. Ein Neutron etwa dringt in einen Kern ein, und da es nicht zu ihm passt, zerstört der Kern diesen

Eindringling einfach: Er zerteilt das Neutron in ein Proton und ein Elektron. Das Elektron schießt nach außen weg, das Proton bleibt im Kern stecken: Ein neues Element entsteht, das nun ein Proton mehr hat als das alte. Und aus dem Kern kommt radioaktive Elektronenstrahlung!
Fermi bombardierte 1934 vor allem Uran, das schwerste chemische Element. Aus Uran mit der Protonenzahl 92 entstand, so glaubte er, ein „Transuran" mit der Protonenzahl 93, ein künstliches Element. Es sollte Ausonium heißen. Und weiter in ein noch höheres Transuran „zerfallen".
Die Forscher waren fasziniert: Der Mensch wurde zum Schöpfer neuer Materie. Man schuf – scheinbar – neue, nie gekannte Elemente, auch wenn sie nicht beständig waren: Sie strahlten weiter und zerfielen dabei bald wieder, schließlich in stabile Elemente.
Auch Irène Curie*, die Tochter der Marie Curie, machte zusammen mit ihrem Mann Frédéric Joliot Versuche mit Uran. Dabei fanden sie ab 1937 erstaunlicherweise, dass ihr „Transuran" sich sehr ähnlich wie Lanthan verhielt. Das ist ein leichtes Element, das sehr viel weniger Protonen als Uran hat. Erst unser Team um Otto Hahn* und schließlich mein Neffe Otto Robert Frisch zusammen mit mir wagten ab Ende 1938 den revolutionären Schritt und erklärten: Beim Beschuss der Uranatome mit Neutronen entstanden keine Transurane, sondern Bruchstücke der Uranatome: Der Urankern wurde zerschossen, nicht etwa angekratzt oder ein wenig aufgebläht.

Durch diese Entdeckung wurde eine ganze Welt der Physiker mit zertrümmert. Keiner hatte an solch ein Zerschießen von Atomkernen glauben wollen.

„In Deutschland kam 1933 Adolf Hitler an die Macht und ab 1939 führte Deutschland Krieg. Konnten Sie und andere Wissenschaftler denn da überhaupt noch forschen?"
„Meine Professur an der Universität musste ich aufgeben. Aber ich konnte bei Otto Hahn weiterforschen. In der Tat, in diesen Jahren wurde eine zweite Welt zertrümmert, die der Kulturnation Deutschland. Die Diktatur des Nationalsozialismus* verbot alle geistige Freiheit. Angeblich minderwertige Menschen wurden auf der Grundlage unmenschlicher Theorien ausgesondert: Farbige, Sinti und Roma, Geisteskranke, Juden. Sie wurden schließlich – Millionen Juden vor allem – brutal ermordet, auch das unter Berufung auf Wissenschaft. Auch in der so „objektiven" Wissenschaft Physik wurden „jüdische" Theorien wie die Relativitätstheorie meines berühmten Kollegen Einstein angegriffen. Angesehene Wissenschaftler mussten ihr Land verlassen, wenn sie nicht Arbeitslosigkeit, Diskriminierung und baldige Gefangenschaft und Tod riskieren wollten. Auch ich war Jüdin und kurz vor unserem größten Triumph musste ich fliehen wie eine Verbrecherin. Sogar eine offizielle Ausreise war mir verboten worden.
Deutschland selbst musste dafür bezahlen: Es verlor den Krieg und auch in der Wissenschaft große Teile seiner Bedeutung."

„Wie aber haben Sie nach Ihrer Flucht nach Schweden zusammen mit Ihren Berliner Kollegen Fritz Straßmann und Otto Hahn weitergeforscht – fern von Ihrem Berliner Institut?"
„Ab Ende 1938 war es die Arbeit des Ehepaars Joliot-Curie, die unser Team in Bann schlug. Ja, wir blieben ein Team – über Entfernungen hinweg. Was war dieses „Transuran", das dem Lanthan so ähnlich schien? Hahn und ich wechselten fast täglich Briefe – und tatsächlich, die Post von Berlin nach Stockholm und zurück brauchte oft nur einen halben Tag – schneller, glaube ich, als die Post es heute schafft."

„1938 entdeckten Sie mit Hahn und Straßmann dann die Spaltung des Uranatomkerns. Hahn und Straßmann untersuchten Uranatome, die mit Neutronen beschossen worden waren. Wie gingen Sie dabei vor?"
„Man maß chemische Veränderungen am beschossenen Uran und deren radioaktive Strahlung. Es war kein Zufall,

Die Chemiker Fritz Straßmann (links) und Otto Hahn (Mitte) entdeckten gemeinsam mit der Physikern Lise Meitner (rechts) 1938 die Spaltung des Uranatomkerns.

dass unser Team, Otto Hahn als Radiochemiker, Fritz Straßmann als Chemiker und ich als theoretische Physikerin, die Entdeckung einleiteten. Die zwei Männer kannten die Messmethoden, die Physikern in Paris und Rom nicht so geläufig waren, am besten: zum Beispiel die fraktionierte Kristallisation, kurz „Fraktionierung". Ausgangspunkt war eine wässrige Lösung aus bestrahltem Uran gemischt mit Bariumchlorid. Wenn man beginnt, das Wasser der Lösung zu verdampfen, kristallisieren chemisch ähnliche Elemente wie Barium und Radium zusammen aus. (So ähnlich bilden sich übrigens Salzkristalle, wenn man eine Salzlösung in einer Porzellanschale verdunsten lässt.) Man braucht diese Fraktionierung, um mehr und mehr konzentrierte Substanz, sei es Radium oder Barium, zu erhalten. Dann kann man deren radioaktive Strahlung messen.

Nehmen wir an, wir hätten wirklich Radium erhalten. Dann wäre am Anfang etwas mehr Radium ausgefallen, da Radium nicht ganz so gut löslich ist wie Barium. Wir stoppten nun diese Kristallisation vorzeitig, lösten die erhaltenen Salzkristalle (da müsste ja nun mehr Radium dabei sein) noch einmal in Wasser auf, kristallisierten erneut und sollten so noch einmal mehr Radium erhalten. Und das ein paarmal hintereinander. Wir hätten so das Radium vom Barium des Lösungsmittels Bariumchlorid trennen können. Das war pure Chemie!

Nun kam die Strahlungsmessung, die Radiochemie, hinzu: Selbst nach einigen Kristallisationsschritten können immer noch keine Kristalle abgewogen werden, weil viel zu kleine Mengen enthalten waren: Aber die Strahlung kann gemessen werden – und zwar mit dem Geigerzählrohr. Das gibt es noch heute als Messinstrument. Tage und Nächte saßen wir damals vor dem tickenden Zähler. Es gab noch keine automatische Registrierung."

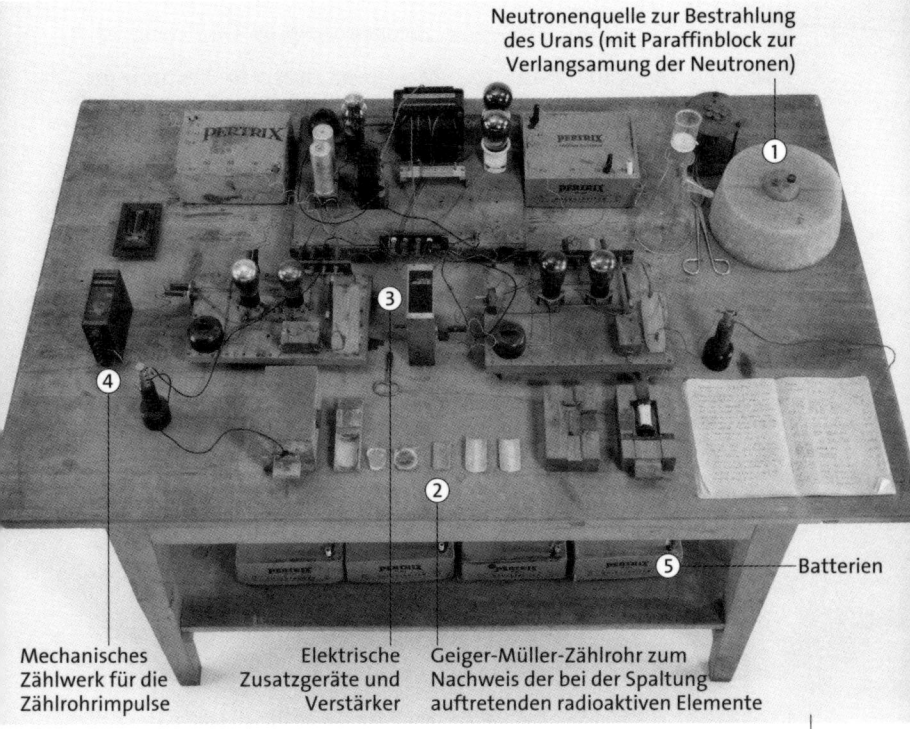

Auf diesem Tisch sieht man die Instrumente, die für die Entdeckung der Urankernspaltung verwendet wurden.

„Sehr geehrte Frau Meitner, erzählen Sie uns, was nun im Dezember 1938 im Labor in Berlin geschah?"
„Am 19.12.1938 schrieb mir Hahn wieder einen Brief. Ich habe mir das Wichtigste notiert: ,*Zwischendurch arbeite ich, soweit ich dazu komme, und arbeitet Straßmann unermüdlich an den Urankörpern. Es ist jetzt gleich 11 Uhr abends; um Viertel zwölf will Straßmann wiederkommen, dass ich nach Hause kann allmählich. Es ist nämlich etwas bei den ‚Radium-Isotopen', was so merkwürdig ist, dass wir es vorerst nur dir sagen. Die Halbwertszeiten der drei Isotope sind recht genau sichergestellt.*' (Man glaubte, nicht nur *ein* bestimmtes Radium gefunden zu haben; die Halbwertszeit ist die Zeit, bis zu der die Hälfte einer Stoffmenge radioaktiv zerfallen ist.) ,*Sie lassen sich von* allen *Elementen außer Barium trennen; alle Reaktionen stimmen. Nur eine nicht – wenn nicht hochseltsame Zufälle vorliegen: Die Fraktionierung funktioniert nicht ... Immer mehr kommen wir zu dem schrecklichen Schluss: Unsere Radium-Isotope verhalten sich nicht wie Radium, sondern wie Barium.*'"

„Frau Meitner, das Radium ließ sich also nicht anreichern: ,Die Fraktionierung funktioniert nicht.' – Das klingt so sachlich kühl. Und doch war es die Revolution."
„In der Tat, wir hatten aus Uran Barium erhalten und nicht Radium. Barium hat aber einen viel kleineren Atomkern – 56 Protonen statt der 92 des Urans. Radium dagegen, mit

88 Protonen, ist noch vergleichbar mit dem Uran. Wir hatten also einen Atomkern gespalten – nicht nur leicht verändert."

„Warum war dieser Schluss denn so ‚schrecklich' und so schwer zu ziehen?"
„Weil die Kernphysik damals so etwas nicht für möglich hielt. Wie konnte der riesige Atomkern des Urans in einen Bariumkern gespalten werden – und wohl in einen weiteren kleineren Kern? An kleine Änderungen, von Uran zu Radium, ja, daran waren wir gewöhnt. Für mich galt damals sofort: Wenn Otto Hahn da Barium maß, wo vorher Uran gewesen war, musste man daran glauben. Er war der beste Kernchemiker der Welt. Dann mussten wir eben unsere ganze Physik ändern. Ich erklärte zusammen mit meinem Neffen Otto Robert Frisch, was geschehen war: Ein großer Atomkern des Urans wird durch ein Neutron in die Länge gezogen wie ein Wassertropfen und dabei in der Mitte eingeschnürt. Schließlich zerplatzt er.

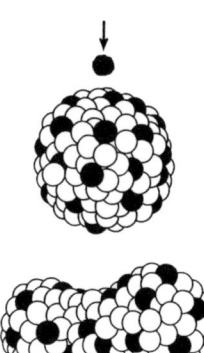

 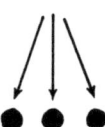 

So kann man sich die Urankernspaltung vorstellen: Durch Neutronenbeschuss (schwarze Kugel) zerplatzt der Kern in etwa gleich große Bruchstücke. Dabei wird (Kern-)Energie frei. Außerdem schießen weitere Neutronen heraus.

Dabei wird Energie aus dem Atomkern frei. Sogar weitere Neutronen schießen heraus. Das war unsere große Entdeckung! Ab 1939 nannte man das ‚Kernspaltung'."

„Was geschah nach dieser revolutionären Entdeckung?"
„Gleich darauf begann der Zweite Weltkrieg, von Hitlers Diktatur vom Zaun gebrochen. Bald dachten viele schon an eine unglaublich mächtige Bombe. Mit dem Uranisotop 235 – und mit dem Transuran Plutonium – wurde sie möglich.
Einmal zum Spalten angesetzt, zerfällt das Uran 235 durch seine überschüssigen Neutronen, die immer weitere Atome spalten, von selbst. Eine schreckliche Kettenreaktion entsteht, wie eine Lawine. Und die Lawine der frei werdenden Energie kann alles zerstören. Sie tötete in Hiroshima und Nagasaki 1945 Zigtausende von Menschen, andere wurden verstümmelt oder siechten jahrzehntelang dahin. Amerika hat als erstes Land diese Kernspaltungsbombe entwickelt, auch aus Furcht vor deutscher Atomwissenschaft und -technik. Aber es hätte diese Bombe nicht auf Japan abwerfen sollen. Deutschland war schon besiegt und Japan war bereit zur Kapitulation.
Gott sei Dank ist die Atombombe bis heute nicht mehr eingesetzt worden, obwohl viele Staaten sie besitzen – und einige auch die noch teuflischere Wasserstoffbombe, die nicht spaltet, sondern zusammenzwingt: Wasserstoff zu Helium, wie eine kleine grausame Sonne."

„Die sogenannte ‚Kernenergie', also die Energie, die frei wird, wenn man einen Atomkern mit Neutronen beschießt, wird heute auch friedlich genutzt. Was sagen Sie dazu, Frau Meitner?"

„Allerdings, die Kernenergie wurde auch zu friedlicher Nutzung entwickelt, in Kernspaltungskraftwerken. Wir sollten ihre Vorteile nicht vergessen: Sie ist eine billige Möglichkeit, elektrischen Strom zu bekommen, ohne schädliches Kohlendioxid in die Luft zu pusten, wie das Kohle-, Gas- und Ölkraftwerke tun. Kohle und Öl sind außerdem wichtige Rohstoffe für chemische Produkte wie Kunststofffasern und neue Werkstoffe. Man sollte sie nicht einfach verheizen, um daraus Elektrizität zu gewinnen.

Kernkraftwerke bergen aber auch hohe Gefahren. Insbesondere die Radioaktivität ist unbeherrschbar. Uranabfälle aus Kernkraftwerken sind schwierig zu behandeln. Sie strahlen für Jahrhunderte und Jahrtausende. Und es gibt immer mehr davon. Alles Hantieren mit Radioaktivität ist gefährlich.

Die Sicherheit der Kernspaltung in Kraftwerken ist weiterhin ein Problem. So begann die erste Explosion eines Kernkraftwerks 1986 in Tschernobyl, Russland, wegen eines menschlichen Versehens. Die – eigentlich als sicher erachtete – Automatik wurde abgeschaltet. In Fukushima, Japan, machte 2011 ein Tsunami, eine riesige Überflutung, das nächste Kernkraftwerk unkontrollierbar. Es explodierte nicht vollständig, Gott sei Dank. Aber bis heute wird radioaktive Brühe ins Meer

gespült, mit der die havarierten Reaktoren gekühlt werden. Nun sind große Landstriche, wie um Tschernobyl, nicht mehr bewohnbar. Und es werden immer neue Kernkraftwerke gebaut. Zwar verbessert man ihre Sicherheit. Aber kann man alle Unfälle vorhersehen, die es noch geben könnte? Geschweige denn einen Anschlag von Terroristen? Wohl nicht."

„*Werden wir unsere Energie in Zukunft anders gewinnen, Frau Meitner?*"

„Es gibt ja bereits alternative Methoden zur Energieerzeugung, wie zum Beispiel Sonnenenergie, Windkraft, Biomassekraftwerke, und es gibt vor allem Wege, um Energie geschickt einzusparen. Ich bin sicher, die Menschheit wird eine Lösung finden. Und ich glaube, sie wird die Kernenergie nicht mehr brauchen.

Die Physik des Atoms und seiner noch kleineren Teile wird aber wohl weiterhin unsere Forscher beschäftigen. Wer weiß, was wir da noch Unbekanntes entdecken können."

„*Frau Meitner, wir danken Ihnen für dieses Gespräch.*"

FORSCHE SELBST

Na, sicher leuchtet jedem ein, dass wir zu Hause keine Experimente zur Atomkernspaltung machen können. Wenn Dich das Thema Atomphysik interessiert, gibt es trotzdem ein paar Tipps: Besuche das *Deutsche Museum* in München. In der Ausstellung „Atom-, Kern-, Elementarteilchenphysik" kann man zum Beispiel richtige Atomkerne auf Metallblättchen schießen. Diese Kerne werden dann von den Atomen des Metalls unterschiedlich abgelenkt, wie Tennisbälle, die man in einen Zaun mit großen Lücken feuert. Das entspricht dem berühmten rutherfordschen Streuversuch um 1910, aus dem sich die moderne Atomvorstellung entwickelte.

In der Abteilung „Chemie" des *Deutschen Museums* steht übrigens der Originaltisch mit Apparaten von Otto Hahn und Fritz Straßmann (siehe Foto Seite 133). Mit dieser Apparatur, genauen chemischen Analysen und theoretischen Erklärungen dazu entdeckte das Team (einschließlich Lise Meitner) 1938/39 die Spaltung der Urankerne. Es gibt auch eine Abteilung „Neue Energietechniken". Leider werden da die Probleme der Kernenergie nur kurz dargestellt.

Was glaubst Du: Wie wird der Fortschritt von Wissenschaft und Technik unsere Zukunft beeinflussen? Das ist natürlich schwierig vorherzusehen. Aber hier sind einige Möglichkeiten:

Die Nutzung der Sonnenenergie wird sicher zunehmen. Falls es gelingt, Solarzellen kostengünstiger als heute herzustellen, kann das sehr viel verändern. Wenn man etwa preiswert Dachziegel fabrizieren könnte, die als Solarzellen Sonnenlicht in elektrischen Strom umwandeln können. Oder wenn man chemische Stoffe findet, die – durch Sonnenenergie erzeugte – Wärme chemisch speichern können und nach Belieben (im Winter!) wieder abgeben.

Aber auch Energiesparen wird wesentlich weiterhelfen (geschickterer Hausbau, weniger Stromverbrauch in Haushalt und Industrie). Heute frisst zum Beispiel die Aluminiumindustrie wahnsinnig viel Strom, weil Aluminium per Strom aus Mineralien gewonnen wird.

Die Kernfusion (wie sie im „Kraftwerk" Sonne seit Milliarden Jahren funktioniert) wird zwar nicht so große Risiken enthalten wie die Kernspaltung, doch zumindest die Wände eines solchen Reaktors werden radioaktiv. Und wer weiß, ob das technisch je funktionieren wird. Und was die Bomben selbst betrifft: Vielleicht wird die Nachrichtentechnik so weit entwickelt werden, dass man solches Kriegsmaterial garantiert aufspüren und anprangern kann. Alle oberirdischen Bombentests wurden bereits eingestellt und man verhandelt – zumindest – über eine Teilvernichtung aller Kernwaffen.

Und die Wissenschaft der Zukunft? Von 1600 bis 1900 glaubte man an die Mechanik als Grundlage allen naturwissenschaftlichen Denkens. Mechanische Maschinen waren auch die wichtigsten Apparate in der Technik.

Seit 1900 ist die Quantenphysik der Atome Ausgangspunkt allen Denkens in Physik und Chemie. Aber von der Biologie (Wie kann Leben entstehen?), der Wärmelehre und Kosmologie aus entstanden neue Denkansätze, z. B. die Chaostheorie: Warum kann man die meisten Vorgänge in der Natur *nicht* vorhersagen, im Gegensatz zu den Vorgängen, die sich die klassische Wissenschaft und Technik ausgesucht haben? Wie kann man sie trotzdem beschreiben? Da gibt es überraschende Ergebnisse. Vielleicht wird das in Zukunft die Wissenschaft, die Technik – möglicherweise auch das gesellschaftliche Denken – sehr verändern!

Wohin Nanotechnik und Gentechnologie unsere Welt führen, wissen wir heute noch nicht. Wir können nur hoffen, dass sie uns keine solchen Probleme wie die Kernenergie bescheren werden.

Museums- und Ausstellungstipps

Leider gibt es nur wenige Museen, in denen Du etwas über das Abenteuer der wissenschaftlichen Entdeckungen erfährst. Am meisten findest Du im *Deutschen Museum München*.
Wenn Du mehr über **Joseph Fraunhofer** wissen willst, kannst Du seine historische Glashütte in Benediktbeuern, nicht weit weg von München, besuchen. Ein bisschen in Fraunhofers Rolle schlüpfen und den Himmel beobachten, kannst Du in vielen Planetarien und Volkssternwarten, die es in fast jeder größeren Stadt gibt.
Zu **Conrad Röntgen** gibt es eine sehr sehenswerte Ausstellung in Remscheid *(Deutsches Röntgen-Museum)*, eine weitere in Würzburg *(Röntgen-Gedächtnisstätte)*.
Zur Geschichte der Atomkernspaltung um **Otto Hahn, Lise Meitner und Werner Heisenberg** gibt es – nur – ein kleines faszinierendes Museum in Haigerloch *(Atomkeller-Museum)*, wo Anfang 1945 der erste deutsche Versuchsreaktor in einem ehemaligen Bierkeller aufgebaut wurde.
Auch das *Technische Museum Wien* macht historische wissenschaftliche Entdeckungen lebendig.
Alle anderen deutschsprachigen Ausstellungen sind entweder Museen zur Geschichte der Technik oder sogenannte Science-Center. Hier kann man viel mit Experimenten spielen. Das ist faszinierend. Sieh Dir dazu auch diesen Web-Link an:

www.forscherland-bw.de. Unter dem Menü „Mitmachen" findet sich ein Punkt „Technik-Museen". Dort werden 14 Technikmuseen vorgestellt. Auch das *Phantechnikum* Wismar ist ein interessantes Science-Center.

In der Schweiz gibt es ebenfalls vor allem Science-Center, zum Beispiel das *Technorama* in Winterthur (siehe Link: *www.technorama.ch*) oder das *Kulturama* in Zürich (*www.kulturama.ch*). Ein historisches Museum ist in Genf das *Musee d'histoire des sciences.*

Möchte man mehr zu **Galileo Galilei** sehen, muss man nach Florenz in Italien reisen: Das *Museo Galileo* ist toll und besitzt zum Beispiel noch zwei Originalfernrohre des großen Physikers. **Antoine Nollet** und die Geschichte der Elektrizität bereitet das *Musee des Arts et Metiers* in Paris auf – und natürlich noch viel mehr. Und auch das *Teylers-Museum* in Haarlem (Niederlande) zeigt vieles aus der Geschichte der Wissenschaft, zum Beispiel die größte Elektrisiermaschine des 18. Jahrhunderts.

Glossar

Hier findest Du Erklärungen zu den Wörtern, die mit Sternchen (*) im Text stehen.

Achromatisches Objektiv	*Fernrohr oder Kameraobjektiv, das die Farbaufspaltung möglichst weitgehend unterdrückt. Mit zwei Linsen aus verschiedenen Glassorten gelang das zur Zeit Fraunhofers nur für zwei Farben im Spektrum. Heute haben Kameraobjektive bis zu über zehn Linsen!*
Antimaterie	*Alle bekannte stabile Materie besteht aus positiven Protonen, neutralen Neutronen und negativen Elektronen. Antimaterie müsste aus negativen Protonen, neutralen Neutronen und positiven Elektronen (Positronen) bestehen.*
Aristoteles (384–422 v. Chr.)	*Der berühmteste griechische Philosoph und Naturforscher, er war auch Erzieher von Alexander dem Großen. Seine Schriften haben auf das naturwissenschaftliche Denken der Christen ab 1200 großen Einfluss genommen.*

Atombombe	*Sie wurde im Zweiten Weltkrieg in den USA entwickelt, auf der Grundlage der Urankernspaltung von 1938. Man glaubte in Amerika, man müsse den gefürchteten Deutschen zuvorkommen. Doch in Deutschland wurde kaum ernsthaft an der Entwicklung einer Bombe gearbeitet. So waren die Amerikaner ohne Konkurrenz, als sie 1945 die ersten Bomben zündeten. Deutschland hatte Glück. Es hatte den Krieg schon verloren, so fielen die ersten Atombomben der Geschichte auf die japanischen Städte Hiroshima und Nagasaki – obwohl Japan bereit zur Kapitulation war. Über 100.000 Menschen starben sofort oder langsamer unter grässlichen Qualen an Strahlungsfolgen. Viele siechten zum Teil jahrzehntelang hin. Und noch viel später waren Missgeburten häufig, ebenfalls eine Folge der radioaktiven Strahlen.*
Bunsen, Robert (1811–1899) Kirchhoff, Gustav Robert (1824–1887)	*Ihnen verdanken wir die Erklärung der schwarzen und hellen Linien in Farbspektren. Robert Bunsen war Chemiker, Gustav Robert Kirchhoff war Physiker.*

Curie, Irène (eigentlich Joliot-Curie, 1897–1956) Frédéric Joliot (1900–1958)	Irène war Physikerin und die ältere Tochter von Marie Curie, die als erste Forscherin die Radioaktivität eingehend untersucht hatte und dabei auch neue Elemente wie das Radium fand. Frédéric war Chemiker. Das Ehepaar erzeugte die ersten künstlichen Isotope und erhielt dafür den Nobelpreis 1935.
Dichte	Masse geteilt durch Volumen, wird auch als „spezifisches Gewicht" bezeichnet.
Elektronen	Elementarteilchen, die 1895 von dem Engländer Joseph John Thomson entdeckt wurden. Das heißt, er bewies, dass die geheimnisvollen Kathodenstrahlen in Glasröhren kleinste Teilchen sein mussten, die höchstens 1/1000 der Masse von Wasserstoffatomen (das sind die leichtesten Atome, die es gibt) hatten.
Franklin, Benjamin (1706–1790)	Nordamerikanischer Politiker, Schriftsteller, Verleger und Naturforscher. Er war Vorkämpfer für die Unabhängigkeit der USA und hat die amerikanische Verfassung mit ausgearbeitet. Wir verdanken ihm die Theorie der Leidener Flasche mit der Stromkreisvorstellung, die These von nur einer existierenden elektrischen Flüssigkeit und den kühnen Vorschlag, Blitzableiter zu bauen.

Fraunhofer, Joseph (1787–1826)	*Entscheidend für Fraunhofers Entdeckung der schwarzen Linien im Sonnenspektrum war seine hartnäckige Suche nach genauen Messmarken für Brechung und Dispersion sowie die Qualität seines Glases. Zwei Jahre vor seinem Tod wurde er für seine Verdienste sogar geadelt.*
Galilei, Galileo (1564–1642)	*Vielleicht der berühmteste Physiker aller Zeiten, weil er die ersten wichtigen Grundlagen für unsere heutige Physik schuf und weil sein Konflikt mit der katholischen Kirche so berühmt wurde.*
Hahn, Otto (1879–1968)	*Welchen Anteil Otto Hahn an der Entdeckung der Kernspaltung hatte und welchen Anteil Fritz Straßmann bzw. Lise Meitner, ist heute schwer zu klären. Sicher war das damals schon eine echte „Team"-Arbeit, bei der der „Chef" aber in der Öffentlichkeit besser wegkam.*
Kondensator	*Ein elektrisches Bauelement, das so lange Ladung speichern kann, bis sie durch das Schließen eines Stromkreises entladen wird. (siehe Foto Seite 58)*

Kopernikanisches Weltbild	*Kopernikus hat etwa 50 Jahre vor Galilei (1543) ein berühmtes Buch veröffentlicht. Darin stellte er die Sonne im Zentrum der Bahnen von Merkur, Venus, Erde, Mars, Jupiter und Saturn dar. Bis dahin glaubte man fest, dass alle sieben griechischen „Planeten" (s. dort) um die ruhende Erde kreisten.*
Luftwiderstand	*Der Reibungswiderstand, den die Luft gegen jeden in ihr bewegten Körper ausübt. Der Körper muss deshalb ständig angetrieben werden, sonst wird er durch die Luft abgebremst. Die Schwerkraft z. B. treibt einen fallenden Stein an. Propeller oder Düsentriebwerke treiben Flugzeuge an. Im luftleeren Weltraum braucht man dagegen keinen ständigen Antrieb. Planeten z. B. kreisen „ewig" um die Sonne.*
Magnetresonanztomografie	*Untersuchung von menschlichem Gewebe und Knochen in einem Magnetfeld. Dabei verändern die Atomkerne je nach ihrem magnetischen Bau ihren „Spin" (d. h. ihre Eigendrehung, wenn wir sie uns als kleine Kreisel vorstellen). Man kann so unterschiedliche Atome und damit unterschiedliche Stoffe oder unterschiedliche Mengen von Stoffen erkennen – das ergibt heute durch den Computer äußerst scharfe Bilder aus dem menschlichen Körper.*

Meitner, Lise (1878–1968)	*Sie war theoretische Physikerin. Geboren wurde sie in Wien als Tochter eines jüdischen Rechtsanwalts. 1926 wurde sie erste Professorin für Physik in Deutschland, an der Universität Berlin. Sie arbeitete intensiv mit dem Radiochemiker Otto Hahn zusammen, der ein unabhängiges Institut für Chemie führte. Lise Meitner, Otto Hahn und der Chemiker Fritz Straßmann entdeckten Ende 1938 die Urankernspaltung. Anfang 1939 gab Lise Meitner, zusammen mit ihrem Neffen, Otto Robert Frisch, eine erste theoretische Erklärung des „Zerplatzens" des Urankerns.*
Milchstraße	*Das Sternensystem, an dessen Rand unsere Sonne zusammen mit ihren Planeten steht. Es enthält mindestens 100 Milliarden Sterne, das sind alles Sonnen.*
Nationalsozialismus	*Politische Bewegung, die nationales Denken und soziales Denken zusammenbringen wollte. Adolf Hitler wurde ihr Führer und 1933 Reichskanzler in Deutschland. Sie zeigte schon im Anfangsstadium starke rassistische Züge und diktatorische Ausprägungen. Mit den „Nürnberger Gesetzen" (1935) wurden in Deutschland insbesondere Juden per Gesetz ausgegrenzt und entrechtet. Bis 1945 wurden schließlich Millionen Juden von den Nationalsozialisten systematisch ermordet.*

Diesen Völkermord nennt man Holocaust *(gr.* holókaustus, *das bedeutet „völlig verbrannt"), im Hebräischen spricht man von Schoah („große Katastrophe"). Aber auch andere Minderheiten wie Roma, Sinti, Farbige und psychisch kranke oder behinderte Menschen wurden mit unmenschlichen Praktiken getötet. Auch viele – vor allem jüdische – Wissenschaftler wurden verfolgt.*

Nollet, Jean-Antoine, 1700–1770	*Theologe, Naturforscher und später Erzieher der königlichen Prinzen in Paris.* *Um 1750 galt er als „Papst" der Elektrizität. Übrigens glaubte er nicht so einfach an den Stromkreis und die Entladung.* *Er hatte kompliziertere Vorstellungen. (Das wurde in unserer Geschichte der Einfachheit halber weggelassen.)*
Planet	*Satellit unserer Sonne. Das Wort Planet kommt aus der griechischen Sprache und heißt „Wanderer".*
Radioaktivität	*Radioaktive Strahlung kennt man seit 1896 (seit A. H. Becquerel). Sie stammt aus dem Zerfall von Atomkernen. Kurz nach 1900 stellten Ernest Rutherford und andere fest, dass sie aus drei verschiedenen Arten bestehen konnte: Alpha (Teilchen des Gases Helium), Beta (Elektronen), Gamma (sehr energiereiche elektromagnetische Wellen).*

Alphastrahlung wird schnell durch Materie verschluckt, Betastrahlung kann viel weiter reichen. Gammastrahlung ist besonders durchdringend. Wenn sie von außen auf den Menschen trifft, ist sie deshalb am gefährlichsten (aber Alpha- und Betastrahlung können gefährlich sein, wenn sie direkt von Substanzen auf der Haut oder im menschlichen Körper ausgesandt werden). Alle radioaktive Strahlung wirkt im Prinzip zerstörerisch, indem sie Elektronen von den Körperatomen abspaltet, diese „ionisiert" und damit verschiedene Aufgaben dieser Körperatome unmöglich macht.

Radioteleskop

Eine Antenne für Radiowellen aus dem Weltall, oft als großer Rundspiegel aus Metallteilen ausgeführt. Radioteleskope haben Durchmesser bis zu 500 Meter!

Röntgen, Conrad Wilhelm (1845–1923)

Wir wissen wirklich nicht genau, wie er seine Röntgenstrahlen entdeckt hat. Vor Röntgen haben schon andere Wissenschaftler Wirkungen der Strahlen gesehen. Röntgens Verdienst ist es, diese Beobachtungen ernst genommen und genauestens untersucht zu haben. Röntgen hat im Jahre 1901 den ersten Nobelpreis überhaupt bekommen, natürlich für Physik. Nur wir Deutschen nennen übrigens seine Entdeckung „Röntgenstrahlen", die ganze übrige Welt spricht von X-Strahlen.

Zeittafel

1600	Der Leibarzt der Königin Elisabeth von England, Gilbert, experimentiert mit Magnetismus und Elektrizität („De magnete").
1602	Wie knickt man Lichtstrahlen? Das Brechungsgesetz wird durch Harriot entdeckt. (Erst 1620 auch von Snellius, veröffentlicht wird es erst durch Descartes.)
1609/10	Galilei verbessert das „holländische" Fernrohr und entdeckt Mondgebirge, Jupitermonde und Tausende von Sternen in der Milchstraße.
1618–1648	Der Dreißigjährige Krieg. In Deutschland waren an seinem Ende bis zu 50 Prozent der Bevölkerung getötet worden.
1633	Galilei schwört in Rom – aus Angst vor der Folter –, dass die Erde sich **nicht** bewegt.
1638	Wie biegen sich Balken, wie schnell fallen Steine, wie schwingen Pendel? – Galilei weiß auf alles eine Antwort („Discorsi ...").

Um 1670	Newton erfindet die „Fluxionsrechnung" (= Differentialrechnung) zur Beschreibung von Bewegungen, erklärt alle fallenden Steine und Planetenbahnen mit der Schwerkraft und zerlegt das Sonnenlicht mit einem Glasprisma in die Spektralfarben Rot bis Violett.
1687	Newton schreibt seine „Mathematischen Prinzipien der Naturlehre" – die Bibel der Neuen Wissenschaft.
Nach 1700	Hauksbee zaubert Blitze in einer drehbaren, hohlen Glaskugel. Daraus entsteht die Elektrisiermaschine.
1712	Newcomen erfindet die Dampfmaschine.
1740	Friedrich II. (der Große) wird König von Preußen (bis 1786).
1745	Elektrizität wird, wie Wein, in einer „Leidener Flasche" gespeichert (durch Musschenbroek in Holland).
1752	Eine Metallstange zieht Blitze aus den Wolken (erster Blitzableiter nach Franklin).

1758/59	Die von Halley 1705 vorhergesagte Wiederkehr eines Kometen von 1682 tritt wirklich ein *(Halleyscher Komet)*.
1781	Herschel entdeckt einen neuen Planeten (Uranus) – mit seinem Spiegelfernrohr.
1789	Die Französische Revolution beginnt in Paris.
1792	Alessandro Volta entwickelt aus Galvanis Experimenten mit Froschschenkeln die erste einfache (chemische) Batterie.
1800/01	Man entdeckt, dass die Sonne unsichtbare Strahlung aussendet. Herschel findet jenseits von Rot Wärmestrahlung = Infrarot (IR). Ritter findet jenseits von Violett das Ultraviolett (UV).
1806	Napoleon sperrt allen Verkehr mit England (Kontinentalsperre).
1817	Fraunhofer schreibt: „Im Farbenband des Sonnenlichts gibt es Hunderte von schwarzen Linien."
1822	Licht = Welle. Der Spiegelversuch von Fresnel beweist das endgültig.

1826	Ohm entdeckt das Gesetz: elektrische Spannung = Stromstärke • Widerstand.
1830	Erste Dampfeisenbahn für Personenverkehr in England.
1831	Faraday entdeckt die Induktion: Eine Magnetfeldänderung erzeugt elektrischen Strom.
1842	Mayer formuliert den Energieerhaltungssatz: Energie geht nie verloren, sie wird nur in andere Formen umgewandelt.
1871	Bismarck eint die deutschen Länder zu einem preußisch geführten Kaiserreich.
1879 und 1886	Siemens baut eine elektrische Lokomotive. Daimler konstruiert das erste Auto mit Benzinmotor.
1886–1888	Hertz entdeckt die Radio- und Funkwellen.
1895	Röntgen entdeckt die Röntgenstrahlen.

1900	Planck behauptet, dass Strahlung in kleinen Paketen (Quanten) abgegeben wird, nicht in Wellen.
1901	Röntgen erhält den ersten Nobelpreis für Physik.
1912	Friedrich, Knipping und von Laue beweisen, dass Röntgenstrahlen Wellen sind und dass Kristalle regelmäßig aufgebaut sind.
1914–1918	Erster Weltkrieg. Granaten, Panzer, Flugzeuge, U-Boote und Giftgas sind ein immenser „Fortschritt" beim Töten.
1915	Einstein entwickelt die allgemeine Relativitätstheorie.
1938	Hahn, Straßmann und Lise Meitner entdecken die Urankernspaltung.
1939–1945	Zweiter Weltkrieg. Die Kriegstechnik tötet noch „perfekter". 1945 werden von den USA Atombomben auf Hiroshima und Nagasaki geworfen.

1946	Röntgenstrahlen klären die Atomstruktur von Penicillin auf.
1947	Erfindung des Transistors durch Bardeen, Brattain und Shockley. Das ist der zivile Beginn der Mikroelektronik.
1953	Röntgenstrahlen klären die Atomstruktur unserer Erbsubstanz (DNS) auf – die Watson und Crick entschlüsseln.
1969	Das US-Raumschiff Apollo 11 landet auf dem Mond und die Astronauten Neil Armstrong und Buzz Aldrin betreten als erste Menschen die Mondoberfläche.
1986	In Tschernobyl explodiert ein Kernkraftwerk. Riesige Mengen von radioaktivem Material werden frei.
1990	Das erste Weltraumteleskop (Hubble-Teleskop) kreist um die Erde, sowie ein neues großes Röntgenteleskop (ROSAT) – es ist ein sogenanntes Wolter-Teleskop.

| 2011 | In Fukushima, Japan, werden sechs Blöcke eines Kernkraftwerkes von einem Tsunami überflutet. Vier werden zerstört. Insgesamt wird bis zu einem Fünftel der Menge an radioaktiver Strahlung wie in Tschernobyl ausgestoßen. |
| Seit Ende des 20. Jahrhunderts | Schon über 1.000 Planeten wurden um ferne Sonnen entdeckt. Bald werden es Zehntausende sein. Werden wir eine zweite Erde finden? Könnte es dort auch solch spannende Wissenschaft wie bei uns geben? |

Bildnachweis

Deutsches Museum München: S. 11, 18, 56, 61, 73, 88, 91, 101, 106, 109, 114, 124, 131, 133, 135 und Umschlagklappe hinten.
Fotolia: S. 58 ©yurazaga
Wikipedia (gemeinfrei): S. 62
Wir danken dem Deutschen Museum München für das bereitgestellte Bildmaterial.

Informationen zu Unterrichtsmaterialien unter: www.arena-verlag.de

Impressum

1. Auflage 2014
© Arena Verlag GmbH, Würzburg, 2014
Alle Rechte vorbehalten
Coverillustration: Joachim Knappe
Innenillustrationen: Sebastian Coenen, Katja Wehner (S. 36, 37, 48, 99)
Redaktion: Britta Vorbach, Frankfurt
Satz: DOPPELPUNKT, Karen Auch, Stuttgart
Gesamtherstellung: Westermann Druck Zwickau GmbH
ISBN 978-3-401-06907-4

www.arena-verlag.de
Mitreden unter forum.arena-verlag.de

ARENA BIBLIOTHEK DES WISSENS
Lebendige Biographien

978-3-401-05744-6

978-3-401-06214-3

978-3-401-06395-9

Eine Auswahl weiterer Titel aus der Reihe „**Lebendige Biographien**":

Luca Novelli
Leonardo da Vinci, der Zeichner der Zukunft *
ISBN 978-3-401-05940-2

Andreas Venzke
Gutenberg und das Geheimnis der Schwarzen Kunst
ISBN 978-3-401-06180-1

Luca Novelli
Einstein und die Zeitmaschinen *
ISBN 978-3-401-05743-9

Maria Regina Kaiser
Augustus und die verlorene Republik
ISBN 978-3-401-06663-9

Luca Novelli
Galilei und der erste Krieg der Sterne *
ISBN 978-3-401-05741-5

Andreas Venzke
Goethe und des Pudels Kern
ISBN 978-3-401-05994-5

Ludger Schadomsky
Nelson Mandela und die Kraft der Menschlichkeit
ISBN 978-3-401-06664-6

Andreas Venzke
Luther und die Macht des Wortes
ISBN 978-3-401-06041-5

Arena

* Auch als Hörbuch bei Audiolino

Jeder Band:
Klappenbroschur
www.arena-verlag.de